ANALYSE CHIMIQUE

DES EAUX

QUI ALIMENTENT LES FONTAINES PUBLIQUES DE PARIS,

PAR

BOUTRON-CHARLARD,

Ancien Membre du Conseil général du département de la Seine ;
Membre de l'Académie Nationale de Médecine, du Conseil de Salubrité,
de l'Académie des Sciences, Belles-Lettres et Arts de Rouen, etc.,

ET

O. HENRY,

Membre de l'Académie Nationale de Médecine et chef de ses travaux chimiques ;
Professeur agrégé à l'École de pharmacie de Paris ;
Membre de l'Académie des Sciences, Belles-Lettres et Arts de Rouen, etc.

PARIS,

Chez VICTOR MASSON,

Libraire des Sociétés savantes près le Ministère de l'Instruction publique,

PLACE DE L'ÉCOLE-DE-MÉDECINE.

1848.

ANALYSE CHIMIQUE

DES EAUX

QUI ALIMENTENT LES FONTAINES PUBLIQUES

DE PARIS.

◁◁◁ ▷▷▷

MÉMOIRE COURONNÉ

par l'Académie des Sciences en 1850.

ANALYSE CHIMIQUE

DES EAUX

QUI ALIMENTENT LES FONTAINES PUBLIQUES

DE PARIS,

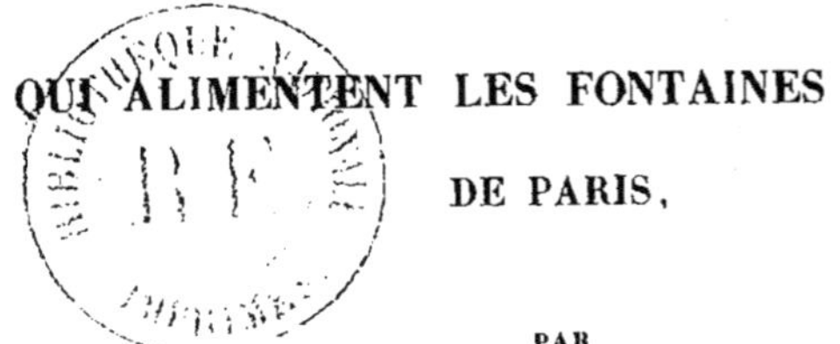

PAR

BOUTRON–CHARLARD ;

Ancien Membre du Conseil général du département de la Seine ;
Membre de l'Académie Nationale de Médecine , du Conseil de Salubrité,
de l'Académie des Sciences, Belles–Lettres et Arts de Rouen, etc.,

ET

O. HENRY,

Membre de l'Académie Nationale de Médecine et chef de ses travaux chimiques ;
Professeur agrégé à l'École de pharmacie de Paris;
Membre de l'Académie des Sciences, Belles–Lettres et Arts de Rouen, etc.

PARIS,

Chez VICTOR MASSON,

Libraire des Sociétés savantes près le Ministère de l'Instruction publique,

PLACE DE L'ÉCOLE-DE-MÉDECINE.

1848.

INTRODUCTION.

—

A la suite d'une visite que **M**. le comte de Rambuteau, **Préfet de la
Seine**, fit en 1844 avec le Conseil Municipal de Paris, dans le but de
reconnaître les travaux qui avaient été entrepris sur divers points de la
rivière et du canal de l'Ourcq, ce magistrat eut la pensée de faire faire
une analyse exacte de l'eau de chacun des petits affluents qui se jettent
dans cette voie de navigation.

L'introduction récente des eaux abondantes et salubres du Clignon
dans le canal; le désir d'améliorer l'eau de l'Ourcq, concédée par
abonnements aux particuliers, et celle des bornes-fontaines où la population pauvre de la capitale vient journellement puiser l'eau nécessaire
à son alimentation et à ses besoins, portaient naturellement l'Administration à faire étudier si l'on ne pourrait pas, sans inconvénient, détourner quelques petits cours d'eau dont le volume est de peu d'importance, et qui ne donnent au canal que des eaux de mauvaise qualité.

La sollicitude de **M**. le Préfet de la Seine pour tout ce qui touche à
l'hygiène des habitants de Paris, lui suggéra bientôt l'idée d'étendre cette
analyse à toutes les eaux qui alimentent les fontaines publiques. Déjà, à
des époques plus ou moins éloignées, l'Administration municipale avait

senti combien un pareil travail pouvait lui être utile et profitable, et elle avait fait procéder à l'examen chimique de la plupart de ces eaux ; mais, outre que leur régime n'était pas alors fixé ainsi qu'il l'est aujourd'hui, leur composition, par une foule de circonstances, pouvait avoir subi des modifications ou des altérations plus ou moins sensibles qu'il était important de constater.

L'analyse nouvelle ne pouvait donc offrir que des avantages : ou elle donnerait des résultats analogues à ceux obtenus dans les travaux antérieurs, et dans ce cas, elle servirait à les confirmer et à démontrer que les eaux n'avaient rien perdu de leurs bonnes qualités, ou ils en différeraient notablement, et alors il devenait indispensable de rechercher les causes de ce changement et de trouver les moyens d'y remédier.

C'est pour arriver à la réalisation de ce projet, que par une lettre en date du 10 décembre **1844, M.** le Préfet de la Seine a bien voulu nous charger du soin de cette analyse, et nous faire savoir que l'Administration municipale mettrait à notre disposition, au fur et à mesure que nous en aurions besoin, toutes les eaux que nous jugerions à propos d'examiner, et qu'elle nous communiquerait tous les documents propres à nous éclairer dans cette longue et délicate opération.

Heureux de nous livrer à un travail qui intéressait à la fois l'Administration municipale et la population de Paris, nous nous sommes mis à l'œuvre et nous n'avons épargné ni temps, ni soins, pour que nos recherches atteignissent le but que l'on s'était proposé.

Afin de rendre nos résultats comparables en tout point, chaque eau a été traitée par le même procédé et soumise aux mêmes expériences, en sorte que si la marche que nous avons suivie présente, par cas fortuit, quelques chances d'erreurs, ces erreurs sont applicables à toutes les eaux examinées.

Enfin, nous devons faire remarquer que dans toutes les analyses dont il va être question dans ce mémoire, nous avons considéré les carbonates contenus dans les eaux, comme y étant à l'état de bi-sels solubles. Cette manière de les envisager qui nous a paru plus rationnelle, augmente le poids de ces sels d'environ un tiers. Si donc, on vient à comparer nos résultats avec ceux des chimistes qui nous ont précédés, il sera essentiel de tenir note de cette observation.

Dans le cours de nos expériences, les renseignements nombreux que nous avons recueillis auprès de **M. Mary**, ingénieur en chef du service municipal, et de **M. Trémisot**, chef du bureau des établissements hydrauliques, à la Préfecture de la Seine, nous ont été d'une grande utilité. Nous leur en exprimons ici notre reconnaissance.

———

Le litre équivaut à un kilogramme ou 1000 grammes d'eau distillée à son maximum de densité.

Le pouce d'eau ou *pouce fontainier*, est la quantité d'eau qui s'écoule en 24 heures par un orifice circulaire, d'un pouce de diamètre, percé dans la paroi d'un vase ou bassin, mais à la condition que la surface de l'eau soit maintenue constamment à 7 lignes au-dessus du centre de l'orifice, ou à 1 ligne au-dessus de sa partie supérieure. Il y a encore une autre condition essentielle à déterminer, c'est l'épaisseur de la paroi du vase; faute de s'être entendu sur ce point, on n'a jamais été parfaitement d'accord sur le produit.

Bien que le produit du *pouce d'eau* ne soit en réalité que de $19^{\text{m.c.}}:1953$ par 24 heures, depuis l'adoption du système métrique, les ingénieurs le comptent toujours pour 20 mètres cubes ou 20,000 litres. Cette quantité équivaut à environ 14 litres par minute.

TABLE.

—

ANALYSE CHIMIQUE

DES EAUX

QUI ALIMENTENT LES FONTAINES PUBLIQUES

DE PARIS.

Les Eaux qui font l'objet de ce travail sont les suivantes :

Eau de la Seine prise au pont d'Ivry.
— prise au pont Notre-Dame.
— prise au Gros-Caillou.
— prise à Chaillot.
Eau de la Marne prise au pont de Charenton.
Eau d'Arcueil prise au château-d'eau de l'Observatoire.
Eau de Belleville.
Eau des Prés-Saint-Gervais.
Eau du puits artésien de Grenelle.
Eau de la Bièvre prise à Amblainvilliers.
Eau de la rivière d'Ourcq prise à Mareuil.
Eau de la Collinance ou Grinette.
Eau du Clignon.
Eau de la Gergogne.
Eau de la Thérouenne.
Eau de la roche de Crégy.
Eau du Rutel ou rû de Villenoy.
Eau de la Beuvronne.
Eau du Mory.
Eau de l'Arneuse.
Eau du canal de l'Ourcq prise à la gare circulaire de La Villette.

Toutes ces eaux ont été puisées en présence de M. Lalo, contrôleur du canal de l'Ourcq, qui s'est acquitté de ce soin avec un zèle tout particulier. Chaque eau était renfermée dans des bouteilles de grès de 18 à 20 litres, bien bouchées, et on avait pris la précaution de joindre à l'envoi une note indiquant le lieu du puisement, l'état de l'atmosphère et le degré de la température. Arrivées à Paris, ces eaux étaient transportées immédiatement à notre laboratoire, et il ne se passait pas 36 ou 48 heures sans que nous en fissions l'examen par les réactifs et que nous procédassions à l'évaporation.

PROPRIÉTÉS PHYSIQUES DES EAUX.

A mesure que les eaux nous étaient adressées, nous constations immédiatement leurs propriétés physiques, c'est-à-dire, leur limpidité, leur saveur et leur odeur. Le tableau suivant offre d'une manière synoptique le résultat de ce premier examen.

EAUX.	LIMPIDITÉ.	SAVEUR.	ODEUR.
Eau de la Seine prise au pont d'Ivry......	Parfaite.	Franche, agréable.	Nulle.
— prise au pont Notre-Dame.	Id.	Id.	Id.
— prise au Gros-Caillou....	Id.	Id.	Id.
— prise à Chaillot.........	Id.	Id.	Id.
Eau de la Marne prise au pont de Charenton	Contient en suspension des flocons d'une extrême ténuité, qui cependant n'altèrent pas sa transparence.	Agréable.	Id.
Eau d'Arcueil.....................	Parfaite.	Fraîche, très agréable.	Id.
Eau de Belleville....................	Id.	Crue ou dure.	Id.
Eau des Prés-Saint-Gervais...........	Id.	Id.	Id.
Eau du puits artésien de Grenelle.......	Id.	Douce.	Id.
Eau de la rivière de Bièvre	Parfaite, mais légèrement colorée en jaune.	Fade, peu agréable.	Presque nulle.
Eau de la rivière d'Ourcq prise à Mareuil.	Parfaite.	Agréable.	Nulle.
Eau de la Collinance ou Grinette........	Id.	Nulle.	Id.
Eau du Clignon	Id.	Id.	Id.
Eau de la Gergogne...................	Id.	Id.	Id.
Eau de la Thérouenne.................	Id.	Id.	Id.
Eau de la Roche-de-Crégy.............	Id.	Crue ou dure.	Id.
Eau du Rutel ou rû de Villenoy	Id.	Nulle.	Id.
Eau de la Beuvronne	Id.	Id.	Id.
Eau du Mory.......................	Claire plutôt que limpide.	Peu agréable.	Id.
Eau de l'Arneuse....................	Id.	Nauséabonde.	Désagréable.
Eau du canal de l'Ourcq prise à la gare circulaire de La Villette.............	Parfaite.	Nulle.	Nulle.

EXAMEN PAR LES RÉACTIFS

ou

ANALYSE QUALITATIVE.

Après avoir constaté les propriétés physiques des eaux, notre premier soin a été de les soumettre à l'action des réactifs, afin de reconnaître la présence des substances ou sels qu'elles contiennent et qui constituent leurs propriétés chimiques. Les résultats que l'on obtient par ce premier essai préparent la voie aux expériences que l'on doit faire ultérieurement.

Les eaux que nous devions analyser prenant leur source, pour la plupart, dans les bassins qui avoisinent Paris, ou les traversant dans la plus grande partie de leur étendue, l'action que les réactifs pouvaient exercer sur elles devait naturellement, à quelques exceptions près, offrir une grande analogie. Or, si nous avions voulu faire connaître pour chacune des eaux en particulier les résultats que nous avons obtenus, nous nous serions exposés à des redites fastidieuses qu'il nous a paru convenable d'éviter, et nous avons préféré, dans le tableau qui va suivre, indiquer les réactifs que nous avons employés dans des circonstances presque toujours analogues et comparables, décrire les phénomènes auxquels ils ont donné lieu, et signaler les matières dont ces agents ont révélé la présence.

ACTION DES RÉACTIFS SUR LES EAUX.

RÉACTIFS.	PHÉNOMÈNES PRODUITS.
Papier bleu de Tournesol........	Le papier, laissé en contact avec l'eau avant qu'elle ait subi l'action de la chaleur, a constamment rougi. (Indication de la présence de l'acide carbonique.)
Papier de Tournesol légèrement rougi et teinture de violettes...	Après l'élimination de l'acide carbonique par la chaleur, le premier de ces réactifs était ramené au bleu, et le second passait rapidement au vert. (Carbonates alcalins et terreux.)
Alcool rectifié (40°).............	Précipitation plus ou moins abondante des sulfates et des carbonates calcaire et magnésien.
Ammoniaque liquide......	Précipité floconneux de magnésie ou d'alumine.
Potasse à l'alcool	Dépôt blanc abondant de chaux et de magnésie.
Acide sulfurique..... — azotique...... } purs..... — chlorhydrique.)	Effervescence avec les résidus et coloration en jaune. (Carbonates et fer.)
Acide oxalique...............	Trouble plus ou moins prononcé. (Sels de chaux.)
Acide sulfhydrique.............	Rien.
Acide oxichlorique	Changement pour ainsi dire insensible dans les résidus solubles de presque toutes les eaux, mais précipité grenu dans le résidu soluble de l'eau du puits artésien de Grenelle, après addition d'alcool. (Sels de potasse.)
Chlorure de barium............	Précipité blanc soluble en partie seulement dans les acides azotique et chlorhydrique étendus d'eau. (Carbonates et sulfates.)
Chlorure de platine............	Dépôt grenu jaune serin dans le résidu soluble de l'eau du puits de Grenelle, et dans les résidus solubles provenant de l'évaporation d'une grande quantité de toutes les autres eaux. (Sels de potasse.)
Oxalate d'ammoniaque	Précipité blanc abondant et instantané. (Sels de chaux.)

RÉACTIFS.	PHÉNOMÈNES PRODUITS.
Carbonate de potasse............	Précipité blanc de carbonate de chaux et de magnésie.
Phosphate de soude.............	Précipité blanc de phosphate de chaux.
Phosphate d'ammoniaque........	Précipité floconneux magnésien, quand on met ce réactif en contact avec la liqueur filtrée séparée du dépôt occasionné par le phosphate de soude.
Sulfate de soude...............	Quelquefois un dépôt blanc de sulfate de chaux, dû à la présence des sels calcaires solubles.
Proto-sulfate de fer uni à l'acide sulfhydrique................	Dans toutes les eaux, formation d'un précipité noir plus ou moins intense. (Carbonates ou bi-carbonates terreux.)
Sulfate de cuivre..............	Rien.
Sulfhydrate de soude...........	Rien.
Sulfate d'alumine et de potasse...	Flocons blancs d'alumine et de sulfate de chaux.
Azotate d'argent très acide......	Précipité cailleboté de chlorure d'argent soluble dans l'ammoniaque.
Azotate d'argent cristallisé.......	Précipité jaunâtre et cailleboté de carbonate et de chlorure d'argent, soluble en partie seulement dans les acides et complètement dans l'ammoniaque.
Chlore liquide.................	Rien.
Indigo désoxigéné..............	Teinte bleue plus ou moins foncée, se manifestant plus ou moins vite et décélant la présence de l'air atmosphérique.
Infusum récent de noix de Galle..	Rien.
Solution de savon..............	Nébulosités avec certaines eaux, dépôt ou précipité cailleboté avec d'autres. (Sels calcaires ou magnésiens.)
Or métallique avec acide sulfurique pur et sel marin..............	Dissolution d'or en quantité variable en opérant sur les résidus solubles et concentrés. (Nitrates.)
Ferro-cyanure jaune et rouge de potassium..................	Rien avec l'eau et les résidus solubles, mais précipité bleu avec les résidus insolubles traités par un acide et étendus d'eau. (Fer.)

ANALYSE QUANTITATIVE.

L'examen par les réactifs nous ayant, pour ainsi dire, initiés à la composition des eaux que nous avions à examiner, nous avons procédé à l'analyse quantitative, qui porte aussi le nom d'analyse par évaporation.

Nous avons donc soumis un litre de chacune des eaux à une évaporation lente et ménagée dans une capsule de platine, dont le poids exact était pris et noté, et en ayant le soin de recouvrir le vase évaporatoire d'une feuille de papier non collé, afin d'empêcher les corps étrangers ou la poussière du laboratoire et du fourneau de tomber dans le liquide.

La première impression de la chaleur ne nous a paru apporter dans l'eau aucun trouble sensible. Toutefois, au fur et à mesure que l'eau s'évaporait, on voyait se déposer en zones circulaires, sur les parois du vase, des sels calcaires ou peu solubles que l'on prenait le soin de délayer avec le restant du liquide. Lorsque l'eau était réduite à peu près à 100 grammes, on retirait la capsule du feu, et on desséchait le résidu salin à une température de bain-marie qui ne dépassait pas 100°. La dessiccation opérée, on repesait de nouveau la capsule afin de connaître le poids du résidu : on avait ainsi, avec autant d'exactitude que possible, la quantité de sels et de matières contenue dans un litre d'eau. Pour chacune des eaux, cette opération a été recommencée trois fois, et c'est la moyenne du poids des trois résidus que nous avons prise pour quantité réelle.

Le résidu d'un ou de plusieurs litres d'eau peut suffire, jusqu'à un certain point, pour établir d'une manière assez précise le poids de chacun des sels dont il est formé, mais on sent que l'exactitude devient d'autant plus rigoureuse, que l'on a à sa disposition une plus grande quantité de résidu. C'est cette idée qui nous a portés à évaporer 20 litres de chacune des eaux; le résidu qu'elle a laissé nous a permis de varier à l'infini nos procédés d'investigation.

Ce résidu, repris par de l'eau distillée froide, abandonnait à ce liquide tous les sels solubles, tandis que les sels insolubles restaient au fond du vase ou sur le filtre. L'analyse détaillée de ces diverses substances et leur poids pris avec exactitude, nous pouvions en déduire la composition primitive de l'eau, en modifiant toutefois certains sels, notamment les carbonates de chaux et de magnésie, qui, dans le résidu de l'évaporation, se trouvent à l'état neutre et insoluble, tandis que dans l'eau ils sont tenus en dissolution par un excès d'acide carbonique.

Cette marche d'analyse et cette manière de représenter la composition des eaux sont en général celles qui sont adoptées par la plupart des chimistes, mais peut-être ne sont-elles pas à l'abri de toute objection. Ainsi, comme l'un de nous l'a fait remarquer dernièrement dans un rapport fait à l'Académie Royale de Médecine, sur les eaux minérales considérées sous le point de vue chimique, ce mode d'analyse offre quelques incertitudes contre lesquelles le chimiste doit se mettre en garde, et qu'il ne lui est pas toujours possible d'éviter. Nous voulons parler des modifications que certains principes éprouvent dans leur nature pendant l'évaporation de l'eau à l'air libre, ainsi que de la formation de certains sels qui se produisent, soit par suite de la concentration ou du changement de densité du liquide, soit par l'action de divers agents, qui déterminent tels acides ou telles bases à se combiner ensemble dans un ordre différent , et qui donnent naissance à des composés qui ne préexistaient peut-être pas dans l'eau sous la forme que l'analyse semblait d'abord révéler.

Si, par exemple, on évapore une eau contenant à la fois du chlorure de calcium et des sulfates de soude et de magnésie, ou bien encore du bi-carbonate de chaux et de magnésie, il devra se produire du sulfate de chaux, du carbonate de soude, et des chlorures de magnésium et de sodium. Si l'on concentre à l'air libre un liquide renfermant des sulfures ou des silicates alcalins, ils se transformeront bientôt en sulfites, hyposulfites, sulfates et carbonates. Ces considérations, qui ne sont pas sans intérêt pour la question qui nous occupe, doivent, nous le répétons, rendre les chimistes fort circonspects pour se prononcer sur la manière dont sont groupés les éléments de telle ou telle eau, à moins qu'ils ne soient guidés par des caractères bien tranchés, et par une connaissance préalable de la nature géologique des terrains qu'elle traverse.

Ce sont ces motifs qui nous ont fait adopter dans notre travail une marche un peu différente de celle suivie jusqu'à ce jour. Ainsi, nous avons déterminé avec l'exactitude la plus rigoureuse les quantités d'acides carbonique , sulfurique , chlorhydrique , nitrique , silicique contenus dans l'eau , soit à l'état libre, soit à l'état de combinaison; puis nous en avons fait autant pour les bases, la chaux, la soude, la potasse, la magnésie, l'alumine et l'oxide de fer, unies à ces divers acides. Ces quantités une fois bien établies, nous avons réparti les bases sur les acides dans l'ordre le plus probable de leur combinaison, en ayant égard à certains phénomènes et à des caractères particuliers à chacune des eaux examinées, et surtout en prenant en grande considération la nature des terrains où elles prennent naissance ou sur lesquels elles coulent.

Si maintenant on veut bien remarquer que le bassin de Paris, qui a été exploré avec tant de soins par les géologues et surtout par MM. Cuvier et Brongniart, est un de ceux dont la constitution géognostique est le mieux connue; que les nombreuses tranchées que l'on a été obligé de faire pour certains grands travaux publics et notamment pour la construction du canal de l'Ourcq, ont mis à même d'étudier d'une manière toute spéciale la nature des terrains que les affluents qui alimentent cet important cours d'eau traversent pour y arriver, on sera convaincu que nous avions toutes les données nécessaires pour établir d'une manière aussi vraie que possible la composition de la plupart des eaux de Paris.

S'il était besoin d'étayer cette opinion de quelques faits, nous dirions que l'eau de la Marne et celle des petits affluents qui se jettent dans le canal de l'Ourcq coulent sur des terrains formés de calcaire grossier et siliceux, de marne, de gypse, d'argile plastique, etc., etc. Dans ces terrains on trouve toujours associé, en petite quantité il est vrai, le carbonate de magnésie au carbonate de chaux; les sulfates de soude et de magnésie accompagnent constamment le gypse, et il en est de même du chlorure de calcium et de magnésium. Or, ces éléments minéralisateurs se retrouvent toujours dans les résultats d'analyse des eaux que nous venons de citer.

Met-on en contact la plupart des eaux que nous avons examinées avec un mélange d'acide sulfhydrique et de proto-sulfate de fer, on obtient immédiatement un précipité noir ou noirâtre,

2

caractère que présentent toujours les solutions de bi-carbonates de chaux, de soude et de magnésie, mais que ne donnent jamais les solutions pures de sulfate calcaire, sodique ou magnésien, ni celles des silicates solubles. N'est-on pas alors en droit d'admettre dans ces eaux la présence des bi-carbonates terreux, lesquels se rencontrent dans plusieurs d'entre elles en si grande abondance, que l'on peut, pour ainsi dire, les regarder comme des eaux incrustantes? telles sont celles d'Arcueil, de Belleville et des **Prés-Saint-Gervais**.

Enfin, nous avons eu aussi affaire à des eaux dans lesquelles les réactifs dénotaient la présence d'une proportion si considérable de sulfate de chaux, qu'il ne nous était pas possible de les regarder comme des eaux potables. Là encore les expériences de laboratoire s'accordaient avec l'opinion des habitants, qui regardaient ces eaux comme impropres à la cuisson des légumes et au savonnage du linge.

De tout ce que nous venons de dire on sera donc porté à conclure que, s'il est un grand nombre de cas où l'évaporation de l'eau apporte des changements notables dans la nature des sels qui forment le résidu, l'emploi intelligent des réactifs qui précède toujours l'analyse quantitative peut, jusqu'à un certain point, éclairer le chimiste sur les substances contenues dans l'eau avant qu'elle ait subi l'action de la chaleur; surtout lorsque cet emploi est fait d'une manière comparative avec des eaux dont la composition est bien connue, et que d'ailleurs on a des renseignements exacts sur la constitution géognostique des terrains qu'elle traverse.

PROCÉDÉS EMPLOYÉS

POUR RECONNAITRE ET SÉPARER LES SUBSTANCES CONTENUES DANS LES EAUX.

Les expériences minutieuses et variées auxquelles donne lieu l'analyse quantitative des eaux ne sauraient se décrire; mais nous croyons utile de donner ici un aperçu succinct des moyens que nous avons mis en usage pour reconnaître et isoler chacune des substances qui entrent dans leur composition, et, par suite, pour établir leur proportion respective.

PRODUITS GAZEUX.

La première chose que l'on doit faire, quand on procède à l'analyse d'une eau, c'est de chercher à reconnaître les principes gazeux qu'elle renferme. Ceux qui sont contenus le plus communément dans le genre des eaux que nous avions à examiner, sont l'acide carbonique, l'air atmosphérique, l'oxigène et l'azote. Un essai préalable nous ayant démontré que ces eaux ne contenaient que de l'acide carbonique et une petite proportion d'air atmosphérique, c'est sur ces deux gaz que toute notre attention s'est fixée.

ACIDE CARBONIQUE.

Le procédé le plus ordinairement employé pour évaluer l'acide carbonique, consiste à remplir un matras de verre avec une quantité connue de l'eau que l'on veut analyser, et à y adapter avec soin un tube plongeant dans un ballon contenant une solution de chlorure de calcium ammoniacal. Quand l'appareil est bien disposé, on porte l'eau à l'ébullition, et on l'y maintient tant que le gaz qui se dégage donne lieu dans le ballon à un précipité blanc. Ce précipité, qui est du carbonate de chaux, est recueilli, séché et pesé, et comme on sait que 100 de carbonate de chaux renferment 43,61 d'acide et 56,39 de chaux, on détermine, d'après le poids du précipité, le poids de l'acide carbonique contenu dans l'eau. Si l'on veut ensuite réduire le poids de l'acide carbonique en volume, on le peut facilement : il suffit de se rappeler que le litre d'acide carbonique pèse 1^{gr}·974. Ce procédé n'offre pas toute l'exactitude désirable; car, si l'eau renferme des bi-carbonates alcalins ou terreux (et c'est le cas de la plupart des eaux que nous avons examinées), ils abandonnent, par la chaleur de l'ébullition, une partie de leur acide carbonique pour se transformer en carbonates et sesqui-carbonates, et cet acide vient s'ajouter à celui qui existe à l'état de liberté, et donne un résultat entaché d'une erreur plus ou moins grave.

Par le mode que nous avons cru devoir adopter, on évalue tout à la fois l'acide carbonique libre et celui qui est à l'état de combinaison. Voici comment nous opérons : on prend un ballon de verre d'une capacité connue, et on y introduit une quantité d'eau déterminée ; à ce ballon on adapte un entonnoir à robinet et un tube recourbé plongeant sous le mercure. L'appareil ainsi disposé, on ajoute de l'acide sulfurique pur au moyen de l'entonnoir à robinet, puis on chauffe progressivement. Lorsque tout le gaz est dégagé, on remplit le ballon avec de l'eau distillée pour chasser l'air qui occupait l'espace resté vide, puis on mesure le volume du gaz obtenu sous le mercure, en ayant soin d'en défalquer celui de l'air connu à l'avance, et après les corrections pour la température, la pression et l'humidité, on arrive à apprécier le volume de l'acide carbonique.

Cet acide provient tout à la fois de celui qui est dans l'eau à l'état de liberté et à l'état de carbonate et de bi-carbonate. Connaissant, par des essais préliminaires, la quantité de carbonates terreux ou alcalins contenue dans l'eau, nous attribuons à ces carbonates la quantité d'acide nécessaire pour les faire passer à l'état de bi-sels solubles, état sous lequel, selon toute probabilité, ils existent primitivement dans les eaux. L'excédant de l'acide carbonique représente celui qui se trouve à l'état de liberté.

AIR ATMOSPHÉRIQUE.

Les eaux de la Seine, de la Marne et d'Arcueil sont les seules pour lesquelles nous ayons cherché à connaître d'une manière précise l'air atmosphérique qu'elles renfermaient. Le procédé employé pour isoler l'acide carbonique peut servir à déterminer l'air atmosphérique, car, quand on soumet l'eau à l'action de la chaleur, l'air qui y est contenu à l'état d'interposition passe avec l'acide carbonique sous le récipient de la cuve au mercure, et quand on a mesuré l'acide carbonique et défalqué l'air qui occupait le vide de l'appareil, tout ce qui est en excès représente exactement le volume de l'air contenu dans l'eau.

Mais pour la série des eaux du canal de l'Ourcq et pour les eaux de Belleville, des Prés-Saint-Gervais et de la Bièvre, nous avons apprécié la proportion relative de l'air par l'action que chacune de ces eaux exerçait sur une solution d'indigo désoxigéné. Par la teinte opaline ou bleue plus ou moins foncée, et même par le précipité bleu qui se manifestent dans l'eau ainsi essayée, on juge de la quantité d'air atmosphérique et surtout de sa plus ou moins grande richesse en oxigène.

Il est bien entendu que, pour que cette opération présente des résultats comparables, il faut agir sur un volume d'eau égal (un litre, par exemple), dans un flacon complètement plein pour que l'air extérieur n'ait aucune influence, et après avoir légèrement acidulé l'eau.

ACIDES.

ACIDE SULFURIQUE (*sulfates*).

L'acide sulfurique existe dans les eaux à l'état de combinaison avec la chaux, la soude et la magnésie. On évalue très facilement sa proportion au moyen des procédés connus, c'est-à-dire en prenant un poids donné d'eau, y ajoutant du chlorure de barium en solution jusqu'à cessation de précipité, recueillant le précipité formé, le traitant par l'acide azotique, et le calcinant après l'avoir convenablement lavé avec de l'eau distillée. Le poids du résidu, composé de sulfate de barite, conduit à la détermination exacte de l'acide sulfurique supposé anhydre.

ACIDE CHLORHYDRIQUE (*chlorures*).

L'acide chlorhydrique combiné, à l'état de chlorures, avec la chaux, la soude et la magnésie, peut s'apprécier avec une exactitude rigoureuse par l'emploi du nitrate d'argent qui occasionne dans la liqueur un précipité blanc cailleboté. Ce précipité, traité par l'acide azotique pur, lavé et séché fortement, donne un poids de chlorure d'argent indiquant le chlore, puis l'acide chlorhydrique existant dans l'eau, combiné aux trois bases que nous avons citées plus haut.

ACIDE NITRIQUE (*nitrates*).

La présence de cet acide à l'état de nitrates dans les résidus solubles de l'évaporation ménagée des eaux que nous avons analysées, a été presque constante, et sa quantité était proportionnelle à celle de la matière organique qui y était dissoute. Nous n'avons pu l'évaluer qu'approximativement en raison de sa proportion minime, mais le procédé que nous avons suivi, et qui a beaucoup d'analogie avec celui proposé par **M.** Christison, pour déceler la présence de l'acide nitrique dans les acides sulfurique et chlorhydrique du commerce, nous a toujours réussi. Il consiste à traiter les sels solubles provenant de l'évaporation, par l'alcool à 40° chaud, à filtrer, à évaporer le véhicule avec précaution jusqu'à siccité, à mêler à ce résidu quelques feuilles d'or très divisé et un peu de chlorure de sodium, puis à ajouter à ce mélange une petite quantité d'acide sulfurique pur étendu d'eau, et à chauffer le tout légèrement. Dans cet essai, l'or se dissout sous l'influence de l'eau régale formée, et on s'aperçoit bientôt de sa présence à la couleur jaune de la liqueur dans laquelle le proto-sulfate de fer et le proto-chlorure d'étain déterminent, le premier de ces réactifs, un précipité violacé d'or réduit, et le second, un précipité pourpre. La couleur plus ou moins intense de ces précipités indique la proportion plus ou moins grande d'acide nitrique.

BASES.

—

CHAUX.

La chaux a été déterminée en versant dans un poids connu d'eau un excès d'oxalate d'ammoniaque ammoniacal, recueillant le précipité, le lavant, le calcinant très fortement et le combinant avec l'acide sulfurique. Le sulfate calcaire obtenu est calciné de nouveau, et le poids du résidu qu'il laisse donne facilement par le calcul celui de la chaux.

MAGNÉSIE.

Dans l'expérience précédente, après la précipitation de la chaux, la magnésie reste dissoute dans la liqueur. Pour l'obtenir, on acidule légèrement cette dernière au moyen de l'acide chlorhydrique ou de l'acide azotique, on concentre le liquide et on y ajoute du carbonate de soude pur en léger excès. Le précipité de magnésie qui se forme est recueilli, lavé et transformé en sulfate. Le poids de ce sulfate, séché assez fortement, indique celui de la magnésie.

SOUDE.

On évalue cette base en prenant un poids connu d'eau, y ajoutant une petite quantité d'acide sulfurique pur, concentrant la liqueur jusqu'à ce qu'il ne reste plus que le quart environ de son volume, et en y versant du carbonate d'ammoniaque ammoniacal. Le précipité qui se forme et qui est composé de magnésie et de chaux, étant séparé par le filtre, on évapore, on calcine et on reprend le résidu par l'eau distillée, on filtre, et on fait évaporer de nouveau à siccité. Le sulfate de soude que l'on obtient donne avec exactitude le poids de la soude.

POTASSE.

La potasse se trouve dans les eaux que nous avons examinées en si petite quantité, que, sauf dans l'eau du puits de Grenelle, les réactifs n'ont jamais décelé sa présence d'une manière bien manifeste. Cependant, comme nous supposions qu'elle devait exister dans plusieurs d'entre elles, nous avons évaporé 50 litres d'eau de la Seine, prise à la pompe du pont Notre-Dame, de manière à obtenir un résidu d'environ 300 grammes. Dans la liqueur filtrée, nous avons versé un peu d'acide sulfurique, nous avons évaporé à siccité et repris le résidu par l'eau distillée. A la liqueur provenant de la filtration nous avons ajouté avec précaution de l'acétate de barite jusqu'à ce qu'il ne se formât plus de précipité ; nous avons filtré de nouveau, fait évaporer et traité le résidu par l'alcool rectifié. C'est ce liquide alcoolique qui, après avoir été filtré et concentré, donne, essayé par le chlorure de platine, un précipité jaune serin, et par l'oxichlorate de soude, un précipité grenu ; indices manifestes de la présence de la potasse.

STRONTIANE.

La strontiane s'est rencontrée dans les résidus insolubles de la précipitation de plusieurs eaux, par les carbonates alcalins. Pour mettre sa présence hors de doute, on traite ces résidus par l'acide nitrique pur, on filtre et on évapore à siccité. Le résidu traité par l'alcool à 40 degrés est abandonné au repos dans une éprou-vette allongée et très étroite. Après vingt-quatre heures, il se forme dans l'éprouvette un léger dépôt insoluble qui, repris par l'alcool à 32 degrés, donne une liqueur qui brûle avec une flamme purpurine, surtout vers la fin de la combustion. Ce résidu dissous dans l'eau, précipite aussi par l'addition de quelques gouttes d'un sulfate soluble. Il existe donc évidemment dans l'eau un sel de strontiane.

SILICE, ALUMINE.

La silice et l'alumine ont été appréciées par le procédé suivant : on calcine fortement le produit insoluble de l'évaporation des eaux, et on le traite ensuite par l'acide chlorhydrique pur. Le résidu qui ne se dissout pas dans cet acide est séparé, lavé et calciné dans un creuset d'argent, avec un excès de potasse à l'alcool. Le produit de la calcination est traité par l'acide sulfurique pur dilué ; on concentre la liqueur presqu'à siccité, et on l'étend d'une certaine quantité d'eau distillée ; la silice apparaît alors sous la forme d'une poudre blanche, on la recueille, on la calcine et on la pèse.

Pour retirer l'alumine, on verse un excès d'ammoniaque dans la liqueur d'où on a séparé la silice, et bientôt l'alumine se révèle sous la forme de flocons blancs.

OXIDE DE FER.

L'oxide de fer se rencontre toujours dans le résidu insoluble de l'évaporation. Pour constater sa présence, on traite ce résidu par l'acide chlorhydrique pur étendu d'eau distillée, on filtre et on essaie la liqueur par le ferro-cyanate de potasse ou le sulfhydrate de soude. Le premier de ces réactifs donne lieu à un précipité bleu, et le second à un précipité noir.

MATIÈRES ORGANIQUES.

Les matières organiques contenues en plus ou moins grande quantité dans les eaux analysées, s'y trouvent toutes à l'état de dissolution. La concentration du liquide et l'alcool que l'on emploie pour les isoler les modifient toujours et les altèrent. Quelque lente que soit l'évaporation, quelque ménagée que soit la température, il est hors de doute qu'on ne les obtient jamais dans l'état où elles sont primitivement dans les eaux. Souvent même, lorsqu'elles sont altérées ou décomposées, il est encore bien difficile de les séparer, parce que presque toujours elles accompagnent et souillent tous les produits de l'analyse. La coloration de l'eau en jaune plus ou moins foncé, après une évaporation lente, l'action de certains agents chimiques tels que le nitrate d'argent, l'acide sulfurique, etc., etc., et surtout une grande habitude de ce genre de recherches, peuvent servir à évaluer plutôt qu'à doser les matières organiques contenues dans les eaux. Il arrive quelquefois que ces matières se décèlent par le plus simple examen physique de l'eau à laquelle elles donnent un goût et une odeur de marécage très faciles à distinguer.

Les eaux qui sont animées d'un mouvement rapide contiennent moins de matières organiques que celles qui coulent avec lenteur. Aussi dans les basses eaux, après de grandes sécheresses, remarque-t-on que les eaux sont moins bonnes que dans les autres saisons de l'année.

C'est à l'usage des eaux d'étangs et de mares, qui contiennent une grande quantité de ces matières organiques en dissolution, que les médecins hygiénistes attribuent les fièvres intermittentes, les engorgements abdominaux, et l'asthénie générale, qui déciment parfois les habitants de certaines contrées.

Nous devons nous garder d'omettre que ce sont aussi ces matières qui, quelque temps en contact avec des eaux très séléniteuses, convertissent en sulfures la plus grande partie des sulfates que ces eaux renferment, et leur donnent une odeur sulfureuse désagréable et repoussante.

La marche de l'analyse et les procédés de séparation des diverses matières qui entrent dans la composition des eaux, étant bien connus, nous allons nous livrer à l'examen de chacune de ces eaux en particulier, et rendre compte des observations que nous avons été à même de faire pendant le cours de ce long travail.

EAU DE LA SEINE.

L'eau de la Seine qui, au moyen des pompes à feu de Chaillot et du Gros-Caillou et de la machine hydraulique du pont Notre-Dame, alimente une grande partie des fontaines de Paris, a été l'objet de travaux analytiques importants, soit qu'ils aient été entrepris bénévolement par leurs auteurs, soit qu'ils aient été provoqués par les diverses administrations qui ont eu dans leurs attributions l'hygiène et la salubrité publiques.

Sans rappeler ici tous ces travaux, qui remontent à plus de deux siècles, il en est cependant quelques uns qui méritent de fixer l'attention.

En 1766, quand **M. Deparcieux**, membre de l'Académie des Sciences, publia son second mémoire qui avait pour but d'amener à Paris les eaux de la rivière d'Ivette au moyen d'un aqueduc, de les recueillir dans un réservoir placé à l'Estrapade, pour de là les répandre dans tous les autres quartiers, il émit le vœu qu'une commission composée de médecins et de chimistes **(1)** désignés par la Faculté de Médecine voulût bien faire une analyse exacte de cette eau et la comparer avec celles qui passaient alors pour les plus pures et les plus accréditées. Du nombre de ces dernières se trouvaient les eaux de Ville-d'Avray et de Sainte-Reine, qui servaient de boisson au roi, à la reine et à la famille royale quand ils habitaient Versailles, et celles de la Seine et d'Arcueil. Ce travail, qui se ressent naturellement des moyens imparfaits d'analyse que l'on avait à cette époque à sa disposition, est cependant remarquable par les soins extrêmes

---

(1) Les commissaires étaient MM. Majault, Roux, Poissonnier, d'Arcet père et Delarivière.

et les précautions minutieuses dont ces savants se sont entourés pour atteindre le but qu'ils se proposaient. De leurs recherches il est résulté que l'eau de Ville-d'Avray, que l'on regardait comme la plus pure, laissait après son évaporation un résidu presque double de celui de l'eau de la Seine et plus considérable que celui de l'eau d'Arcueil; qu'après l'eau de Seine, qu'il fallait regarder comme la plus pure et la plus légère, c'était l'eau de l'Ivette qui devait avoir la préférence; enfin que l'eau de Sainte-Reine, par la quantité de sels qu'elle contenait, et par l'action qu'ils pouvaient exercer sur l'économie animale, devait être plutôt considérée comme une véritable eau minérale que comme une eau potable.

L'eau de la Seine prise à la pointe de l'île Saint-Louis contenait par pinte (1), d'après ces savants, 5 grains 1/2 d'un résidu composé de sélénite (sulfate de chaux), de terre calcaire (carbonate de chaux), de nitre, de sel marin et de matière extractive végétale.

Parmentier, dont le nom se rattache toujours à des découvertes ou à des recherches utiles, publia dans le *Journal de Physique* du mois de février 1775, une *Dissertation sur la nature des eaux de la Seine*, qui tendait à prouver que l'eau de ce fleuve, puisée au centre de Paris, était la plus légère, la plus agréable et la plus salubre de toutes celles avec lesquelles les chimistes l'avaient comparée. Il terminait son mémoire en disant qu'il serait à désirer que toutes les eaux qui couvrent la surface du royaume fussent à ce degré aussi bonnes et aussi salubres.

---

(1) La pinte étant au litre comme 931 à 1000, les 5 grains 1/2 de résidu qui représentent 0 gr. 293, doivent être portés à 0 gr. 312.

En 1816, une commission de savants, dont **MM**. Thenard, Hallé et Tarbé faisaient partie, fut chargée de faire l'analyse des eaux du canal de l'Ourcq et de quelques unes des petites rivières qui l'alimentent. Elle fit en même temps celle des eaux de la Seine prises au-dessus et au-dessous de Paris, celles d'Arcueil, de Belleville et de Ménilmontant. Ce travail, destiné à éclairer l'Administration sur la valeur de ces eaux et pour la distribution qu'elle en devait faire dans Paris, méritait toute confiance par la réputation scientifique des hommes qui l'avaient entrepris (1).

Enfin, en 1829, M. Vauquelin fit une nouvelle analyse des eaux du canal de l'Ourcq, de la Seine et de la Marne, prises à différents endroits. Ce travail, que la mort permit à peine à ce chimiste d'achever, fut mis en ordre par **M**. Bouchardat qui y avait coopéré, et publié dans le *Journal de Pharmacie* de l'année 1830. Au nombre des conséquences que ce chimiste a tirées de ses expériences, celle qui nous a paru le plus remarquable, c'est que l'eau de la Seine ne serait pas semblable sur les deux rives du fleuve depuis le confluent de la Marne. L'eau puisée sur la rive droite contiendrait, suivant lui, la magnésie combinée avec les acides carbonique, sulfurique et hydrochlorique, et en quantité très appréciable. Sur la rive gauche, au contraire, on ne retrouverait plus de carbonate et de sulfate de magnésie, mais seulement un peu d'hydrochlorate. Enfin, sur la rive droite, on ne rencontrerait pas la moindre trace de nitrates dans les sels

---

(1) Ces analyses ont été faites par M. Colin, aujourd'hui professeur à l'école de Saint-Cyr, dans le laboratoire du Collège de France et sous la direction immédiate de M. Thenard.

déliquescents, tandis qu'on en trouverait une petite proportion dans les eaux de la rive gauche.

L'habileté bien connue de **M.** Vauquelin nous fait hésiter à révoquer en doute cette différence de composition de l'eau sur les deux rives; mais nous devons toutefois avouer avec franchise qu'il ne nous a pas été possible de la constater dans l'analyse de l'eau de la **Seine** que nous venons d'entreprendre, bien que cependant nous ayons remarqué comme lui que la matière organique s'accroissait d'une manière sensible dans la traversée de Paris. Il est probable que cette différence de résultat tient à l'époque où l'eau aura été puisée; car il est certain temps de l'année où l'eau de la **Marne** ne se mélange à l'eau de la **Seine** que très imparfaitement avant et même souvent après son entrée dans **Paris**, et l'on remarque fréquemment, surtout dans les grandes crues, que la première offre une teinte jaune et limoneuse, tandis que la seconde conserve sa couleur verte et transparente.

MM. de Humboldt et Gay-Lussac, qui ont examiné l'eau de la **Seine** comparativement avec l'eau de neige et l'eau de pluie, sous le rapport de l'air qui s'y trouve, ont vu qu'elle contenait environ 1/25e de son volume d'air, et que cet air renfermait 31,9 d'oxigène et 68,1 d'azote.

Les quatre échantillons d'eau de la **Seine** que nous avons analysée ont été puisés :

Le premier au pont d'Ivry, arche marinière, plein courant;

Le deuxième dans **Paris**, au pont Notre-Dame, arche du milieu;

Le troisième à la pompe à feu du Gros-Caillou, dans la bâche au débouché de la colonne montante;

Le quatrième à la pompe à feu de Chaillot, dans le dégorgeoir d'une des bâches des bassins.

On voit dans le tableau qui suit que le résidu salin est beaucoup plus considérable dans les trois derniers que dans le premier de ces échantillons. Cela tient à ce qu'au pont d'Ivry la Seine ne s'est pas encore jointe à la Marne, et à d'autres causes dont nous allons parler plus loin.

Si l'on vient à comparer le poids des résidus des analyses de nos devanciers avec les nôtres, qui sont en général plus forts, il est bien essentiel de se rappeler que nous avons toujours considéré les carbonates qui sont contenus dans les eaux comme y étant à l'état de bi-carbonates, ce qui augmente le poids de ces sels d'environ un tiers. Quand on retranche ce tiers, on tombe exactement sur le chiffre des résidus obtenus, soit par la commission de 1816, soit par MM. Vauquelin et Bouchardat, pour l'eau de la Seine prise en amont de Paris.

EAU : UN LITRE.			
SUBSTANCES CONTENUES DANS LES EAUX.	PONT d'Ivry.	PONT Notre-Dame.	POMPE DU Gros-Caillou	POMPE de Chaillot.
	litre.	litre.	litre.	litre.
Air atmosphérique....................	0,003	0,003	0,004	0,003
Acide carbonique libre...............	0,013	0,014	0,014	0,013
	gr.	gr.	gr.	gr.
Bi-carbonate de chaux................	0,132	0,174	0,229	0,230
— de magnésie............	0,060	0,062	0,075	0,076
Sulfate anhydre de chaux	0,020	0.039	0,040	0,040
— — de magnésie............				
— — de soude...............	0,010	0,017	0,027	0,030
Chlorure de calcium.................				
— de magnésium............	0,010	0,025	0,032	0,032
— de sodium...............				
Sels de potasse.....................	Traces.	Traces.	Traces.	Traces.
Nitrate alcalin.....................	Indices.	Indices.	Indices très sensibles.	Indices très sensibles.
Silice, alumine, oxide de fer..........	0,008	0,014	0,023	0,024
Matière organique..................	Traces.	Traces.	Traces très sensibles.	Traces très sensibles.
	gr.	gr.	gr.	gr.
Poids des substances minéralisantes.....	0,240	0,331	0,426	0,432

L'analyse qui précède démontre que la quantité de substances fixes que renferme l'eau de la Seine est plus considérable en aval qu'en amont de Paris, et que cette progression est surtout très sensible pour le bi-carbonate et le sulfate de chaux, le nitrate alcalin et la matière organique. L'eau puisée à Chaillot et au Gros-Caillou doit contenir en effet une plus grande quantité de sels, puisqu'alors la Seine a reçu, non-seulement les eaux de la Bièvre, qui y arrivent presque toujours dans un grand état d'impureté, mais encore celles d'Arcueil, qui y sont versées par quelques fontaines publiques de la rive gauche, dont plusieurs coulent sans interruption (1); à quoi il faut ajouter encore une énorme quantité d'eau de l'Ourcq provenant du canal Saint-Martin et d'un certain nombre de bornes-fontaines destinées au lavage des rues et alimentées par les bassins de Saint-Victor et de la rue Racine. Aussi avons-nous été étonnés de voir que les chimistes qui se sont occupés de l'analyse des eaux de la Seine n'aient pas obtenu un résidu salin plus considérable dans l'examen de l'eau puisée en aval de Paris. La différence qui existe entre les poids

---

(1) On trouve dans les comptes-rendus de l'Académie des sciences pour l'année 1845, une note de M. Coquillar *sur des concrétions calcaires qu'offre, en plusieurs points, le fond du lit de la Seine, dans la portion de son cours qui traverse Paris*. L'auteur suppose que ces concrétions, qu'il dit très volumineuses, sont dues aux eaux d'Arcueil, qui, après avoir servi aux usages domestiques sur la rive gauche de la Seine, viennent se mêler aux eaux du fleuve. Il fait remarquer à l'appui de cette opinion, qu'aucun des dépôts dont il s'agit ne se trouve en amont du point où se versent les eaux d'Arcueil, et qu'ils cessent au Gros-Caillou, au-dessous de l'endroit où un rétrécissement du lit amène un mélange plus intime des eaux des différentes sources.

des résidus qu'ils ont trouvés et les nôtres nous a paru si tran-
chée, que nous avons cru devoir recommencer plusieurs fois
l'évaporation d'un litre de la même eau; et aujourd'hui nous
sommes plus convaincus que jamais que ce sont les poids que
nous indiquons qui se rapprochent le plus de la vérité.

Quant à l'augmentation de la matière organique, il est encore
plus facile de s'en rendre compte quand on voit toutes les industries qui s'exercent sur la Seine et sur ses bords, telles que les
établissements de bains, les bateaux de buanderie, les teintu-
reries, les corroieries, etc., etc.; et quand on songe aux nombreuses bouches d'égouts qui viennent encore à chaque instant y
verser les eaux ménagères et celles provenant du lavage des voies
publiques (1).

Le projet qu'a l'Administration de faire faire sur les deux rives
de la Seine de grands égouts latéraux au fleuve, qui, après avoir
reçu toutes les eaux fangeuses et insalubres, viendraient déboucher en aval de Paris; le déplacement de la voirie de Montfaucon,
qui évitera désormais que l'on n'écoule à la Seine, pendant sept
ou huit heures de chaque nuit, 5 à 600 mètres cubes d'eaux
vannes; enfin l'encouragement que l'on donne chaque jour aux
lavoirs publics qui s'établissent dans certains quartiers de Paris,
et dont les eaux savonneuses se rendront directement dans les
deux grands égouts au lieu d'être versées à la Seine, sont autant
de motifs qui doivent évidemment, dans un avenir très prochain,
améliorer les eaux de ce fleuve dans la traversée de Paris.

---

(1) M. Chevreul a constaté dans les eaux de la Seine, examinées
pendant l'été, la présence du carbonate d'ammoniaque, dû sans doute
à la décomposition des matières organiques contenues dans cette eau.

Quoi qu'il en soit, malgré toutes ces causes réunies qui contribuent à altérer l'eau de la Seine dans son parcours d'amont en aval de **Paris**, on ne doit pas moins la regarder comme une des meilleures eaux que l'on connaisse, car à l'exception de quelques eaux de sources ou de rivières qui proviennent de la fonte des neiges ou qui sourdent dans des terrains de lave, de basalte ou de granit, ou qui les traversent sans les dissoudre, il est peu d'eaux qui laissent moins de résidu par l'évaporation et dont les sels soient de meilleure nature.

On a de tout temps regardé l'eau de la Seine comme possédant une propriété laxative qui se fait particulièrement remarquer sur les étrangers pendant les premiers temps de leur séjour à **Paris**. Mais outre que cette action est loin d'être aussi générale qu'on le suppose, nous pensons qu'il ne faut pas l'attribuer, ainsi qu'on l'a fait, aux matières organiques qui sont contenues dans cette eau. Ce qui viendrait à l'appui de notre opinion, c'est que l'eau puisée au-dessus de **Paris** paraît agir exactement de la même manière que celle puisée au-dessous, bien que la première contienne peu de matières organiques, et que la seconde, au contraire, en renferme une quantité assez notable.

Ne doit-on pas plutôt regarder comme causes de ce dérangement momentané, qui d'ailleurs cède après deux ou trois jours, les fatigues d'une longue route, le changement de climat, de nourriture, d'exercice et d'habitudes? Cette action doit aussi se faire sentir d'une manière plus marquée sur des personnes qui, habituées chez elles à boire des eaux crues ou de mauvaise qualité auxquelles leur estomac est accoutumé depuis longtemps, font usage à **Paris** de l'eau de la Seine, qui est douce, légère et d'une grande ténuité.

Au reste, les eaux de la Seine ne possèdent pas seules la propriété d'apporter quelque trouble dans les fonctions digestives ; car il est bon nombre de Parisiens qui, quand ils voyagent, ne peuvent pas boire sans inconvénient de l'eau des villes où ils séjournent, et qui, au contraire, sont délivrés de l'incommodité passagère qu'ils éprouvent aussitôt qu'ils sont rentrés à Paris.

EAU DE LA MARNE.

La Marne prend sa source dans le département de la Haute-Marne, traverse les départements de la Marne, de l'Aisne, de Seine-et-Marne et de Seine-et-Oise, et vient se jeter dans la Seine au pont de Charenton. Les terrains meubles qu'elle traverse et qu'elle entraîne souvent dans son cours lui donnent un aspect limoneux qui ferait supposer que ses eaux sont moins pures qu'elles ne le sont en effet. Cependant, bien que la quantité de sels et de substances qu'elle renferme soit plus que double de celle que contient l'eau de la Seine puisée avant le confluent des deux rivières, cette eau n'est pas moins très bonne et très salubre. Les sels qui dominent dans le résidu de l'évaporation sont les bicarbonates de chaux et de magnésie, et l'on y trouve au contraire très peu de sulfate de chaux.

L'eau qui nous a été remise contenait en suspension des flocons d'une extrême légèreté qui n'altéraient cependant pas sa transparence. Par le repos elle abandonnait au fond du vase un petit dépôt grisâtre de nature argileuse, facile à séparer par le filtre. L'analyse de cette eau a donné le résultat suivant :

	EAU : UN LITRE.	
		Litre.
SUBSTANCES VOLATILES.	Acide carbonique...........................	0,013
	Air atmosphérique..................	Une petite quantité.
		gr.
	Bi-carbonate de chaux............	0,301
	— de magnésie...................	0,120
	Sulfate de chaux.........................	0,022
	— de magnésie....................)	
	— de soude ....)	0,018
SUBSTANCES FIXES.	Chlorure de calcium...................)	
	— de sodium...................... }	0,020
	— de magnésium....................)	
	Nitrate alcalin..........................	Traces.
	Alumine..............................)	
	Silice.............................. }	0,030
	Oxide de fer............................)	
	Matière organique azotée....................	Indices.
		gr.
	Total.............	0,511

Le résidu que nous avons obtenu de l'évaporation d'un litre d'eau de la Marne est beaucoup plus considérable que celui qui est indiqué dans l'analyse de **MM.** Vauquelin et Bouchardat, en admettant même que du chiffre de nos résultats on fasse la soustraction du poids de l'acide carbonique nécessaire pour faire passer les carbonates neutres à l'état de bi-carbonates. Cette différence tient-elle à la saison où l'eau a été puisée? Nous l'ignorons, mais l'expérience qui consiste à prendre le poids d'un résidu est si facile à faire, qu'il ne nous est pas permis de douter de l'exactitude de nos essais. D'ailleurs le chiffre de $0^{gr},511$ est le produit de la moyenne de plusieurs évaporations.

EAU D'ARCUEIL.

L'eau d'Arcueil, qui fournit environ 80 à 100 pouces à un certain nombre de fontaines de Paris, et qui alimente plusieurs grands établissements publics, tels que le Luxembourg, l'Ecole-Polytechnique, l'Ecole-Normale, les collèges de Louis-le-Grand et de Henri IV, des hôpitaux et des casernes, provient des nombreuses sources qui se rencontrent sur le territoire de Rungis, L'Hay et Cachan, villages situés au sud de Paris. Les eaux de ces sources sont recueillies dans des regards, et elles arrivent par des aqueducs au château-d'eau construit près de l'Observatoire. Ces eaux qui sont fraîches, limpides et agréables à boire, laissent déposer pendant leur trajet, du point de leur origine à celui de leur distribution, un sédiment calcaire qui, après un certain laps de temps, finit par obstruer les canaux et les conduites. Ce phénomène est dû, suivant toute probabilité, à ce que les eaux dans leur parcours s'écoulent sur un radier rugueux où les arrêts et les petits chocs répétés qu'elles éprouvent donnent lieu à un dégagement continu d'acide carbonique. Le carbonate de chaux, qui forme la base des sels contenus dans l'eau d'Arcueil, n'y est tenu en dissolution qu'à la faveur d'un excès d'acide carbonique; si cet excès d'acide, par une cause ou par une autre, vient à se dégager, une partie du carbonate de chaux correspondante à l'acide dégagé ne tarde pas à se déposer; les molécules d'abord isolées s'agglomèrent et forment alors le dépôt incrustant. Ce qui vient à l'appui de l'opinion que nous venons d'émettre (1), c'est

---

(1) Nous sommes heureux de voir que l'opinion que nous nous étions formée, il y a déjà quelques années, sur la manière dont se fait le

que quand on examine ce dépôt avec attention, on voit qu'il est formé de zones ou couches successives très minces, et dont la couleur varie même quelquefois suivant les phénomènes atmosphériques ou les saisons sous l'influence desquels elles se sont formées. Cette manière de voir, qui du reste paraît rationnelle, nous a portés à examiner l'eau d'Arcueil prise au regard même de Rungis avant son entrée dans l'aqueduc, et nous avons vu que la quantité de carbonates que cette eau renfermait était presque double de celle que l'on retire de l'eau puisée au château-d'eau de l'Observatoire. En effet, quand cette dernière ne donne en carbonates alcalins que $0^{gr},218$, l'eau de Rungis en contient $0^{gr},380$. Cette eau perd donc dans son parcours près de la moitié du poids des carbonates qu'elle renferme.

L'eau d'Arcueil a été analysée plusieurs fois. En 1767, la Commission de la Faculté de Médecine, chargée de l'examen de l'eau de l'Ivette, fit aussi par comparaison celui de l'eau d'Arcueil, et

---

dépôt des eaux d'Arcueil, est partagée par M. Terme, député du Rhône et maire de Lyon, dans le rapport remarquable qu'il a adressé en 1843 au conseil municipal de cette ville, et qui a pour titre : *Des eaux potables à distribuer pour l'usage des particuliers et le service public.*

Une commission composée de MM. Arago, Dumas, Poncelet, Thenard, Girard et Robiquet, membres de l'Académie des sciences, avait dit aussi dans un rapport adressé à cette savante compagnie, et relatif aux eaux de Bordeaux : « L'expérience prouve que les aspérités » d'une surface en contact avec une dissolution saline, deviennent » autant de centres d'attraction, autant de noyaux où viennent se fixer » des molécules disséminées, qui eussent été entraînées par le courant » sans la présence de ces sortes d'écueils, et de là vient la nécessité de » n'employer pour les conduites que des fontes exemptes de toute » rugosité. »

elle obtint un résidu composé de sulfate et de carbonate de chaux, de nitre et de sel marin dont le poids peut être évalué par litre à 0^{gr},424.

En 1816, M. Colin fit l'analyse de l'eau d'Arcueil prise au palais de l'Institut, et l'évaporation lui donna un résidu formé de carbonate et de sulfate de chaux, de sel marin et de sels déliquescents, du poids par litre de 0^{gr},465.

L'eau d'Arcueil qui a fait l'objet de notre analyse, a été puisée au château-d'eau de l'Observatoire, le **22 janvier 1845**, à la chute même et avant que les eaux ne s'introduisent dans les conduites de Paris.

Voici les résultats de l'analyse :

	EAU : UN LITRE.	
		litre.
SUBSTANCES VOLATILES.	Acide carbonique libre......................	0,070
	Air atmosphérique..........................	0,004
		gr.
	Bi-carbonate de chaux......................	0,158
	— de magnésie....................	0,060
	— de potasse......................	Indices.
	Sulfate de chaux anhydre...................	0,138
SUBSTANCES FIXES.	— de soude...............) anhydres.... — de magnésie..........)	0,072
	Chlorure de sodium........................) — de calcium..................... } — de magnésium..................)	0,081
	Nitrate alcalin......................... Indices sensibles.	
	Silice, alumine, oxide de fer...............	0,018
	Matière organique........... Des traces à peine sensibles.	
	TOTAL.........	gr. 0,527

Dans l'analyse de M. Colin, le carbonate calcaire est considéré comme étant dans l'eau d'Arcueil à l'état de carbonate neutre. Si on l'envisage au contraire, ainsi que nous l'avons fait, comme y étant à l'état de bi-carbonate, le chiffre du résidu qui est de $0^{gr},465$ devra s'élever à $0^{gr},530$, résultat qui ne diffère pas de celui que nous avons obtenu, et qui tend à prouver d'une manière positive que depuis **1816** l'eau d'Arcueil n'a pour ainsi dire pas subi de changement.

L'eau d'Arcueil, ainsi que nous l'avons dit plus haut, abandonne une partie des sels calcaires qu'elle tient en dissolution, et ces dépôts sont quelquefois si abondants qu'ils finissent par obstruer à la longue les canaux et les conduites qu'elle traverse.

En **1826,** la conduite de l'eau d'Arcueil qui alimente la ferme Sainte-Anne près Bicêtre, étant complètement bouchée, bien que son diamètre fût de $0^m,08$ (environ 3 pouces), **M.** d'Arcet proposa de la dégorger en employant l'acide hydro-chlorique étendu d'eau, procédé qui lui a parfaitement réussi, et qui ne donne lieu qu'à peu de frais. Ce chimiste a examiné la nature de ce dépôt, il l'a trouvé formé, sur cent parties, de :

Carbonate de chaux contenant un peu de sulfate de chaux.	83,81
Résidu argileux insoluble dans l'acide hydrochlorique...	00,59
Eau..	15,60
TOTAL..........	100,00

M. Mary, ingénieur en chef du service des eaux de Paris, ayant eu l'obligeance de nous faire remettre plusieurs kilogrammes de ces concrétions prises à divers points du parcours des eaux, nous les avons examinées avec soin, et sur dix parties nous avons trouvé qu'elles étaient formées de :

Carbonate de chaux......................	9,00
— de magnésie....................	0,60
Sulfate de chaux.........................	0,22
Silice..................................	
Oxide de fer............................	0,18
Matière organique.......................	
TOTAL............	10,00

EAU DE BELLEVILLE.

C'est aux religieux de Saint-Martin-des-Champs que l'on doit la construction de l'aqueduc qui, au XIe siècle, amenait les eaux de Belleville à Paris. En 1244, il existait dans l'enceinte de cette abbaye une fontaine qui était alimentée par ces eaux. L'éloignement où ces religieux se trouvaient de la Seine ne leur permettait pas de faire usage des eaux de ce fleuve, tandis que les collines de Belleville et de Ménilmontant leur donnaient la facilité de recueillir, à leur partie déclive, le produit des sources qui se rencontraient sur divers points de leur surface.

Les eaux de sources, dites de Belleville, proviennent en quantités à peu près égales des coteaux de Belleville et de Ménilmontant; ces eaux sont recueillies par des pierrées et rassemblées dans des puisards et regards, d'où elles se rendent dans un aqueduc qui commence à Belleville et se termine à un regard placé au bas du coteau de Ménilmontant.

Le produit des diverses sources arrive ainsi dans ce dernier regard, lequel est en communication avec une conduite en fonte qui amène ces eaux dans Paris. Les eaux de Belleville alimentent le réservoir de l'abattoir de Ménilmontant, ainsi que deux bornes-fontaines placées près la barrière de ce nom. Au besoin, elles peuvent aussi desservir la prison de la Roquette et diverses fontaines et concessions de la rue Saint-Maur et du quartier Popincourt.

Avant que les eaux de l'Ourcq fussent distribuées dans les quartiers nord-est de Paris, le service de l'hôpital Saint-Louis se faisait au moyen des eaux de Belleville; mais aujourd'hui on n'emploie dans ce grand établissement que des eaux de l'Ourcq.

Quand on parcourt l'aqueduc de Belleville, on remarque que

le dépôt calcaire qui revêt les parois du caniveau a une légère teinte rougeâtre qui indique, dans les eaux de ce coteau, la présence d'éléments ferrugineux. Dans le regard de la *Chambrette*, où vient se déverser la plus grande partie des sources de Ménilmontant, le dépôt calcaire qui tapisse le radier de ce regard est beaucoup moins ferrugineux.

Les collines de Belleville et de Ménilmontant sont recouvertes à leur partie supérieure d'un terrain sablonneux de 3 à 5 mètres d'épaisseur que les eaux pénètrent facilement. Au-dessous de ce terrain se trouvent plusieurs couches de marnes argileuses ou calcaires recouvrant elles-mêmes les bancs de sulfate de chaux ou pierre à plâtre. Les pierrées sont généralement construites à la partie supérieure des couches de marne ; les eaux pluviales, après avoir filtré à travers les couches supérieures du sol, se trouvent arrêtées par les bancs de marne argileuse (glaise), et elles sont obligées de prendre leur cours par les pierrées.

Dans ce passage souterrain les eaux se chargent naturellement des substances minérales propres aux diverses couches qu'elles traversent ; la conformation géognostique des collines de Belleville et de Ménilmontant étant à peu près la même, les eaux de sources qui proviennent de ces coteaux ne diffèrent pas essentiellement de composition.

Quant à la petite différence qui existe entre le dépôt de l'aqueduc de Belleville et celui de l'aqueduc de Ménilmontant, les faits suivants peuvent facilement en rendre compte. Les pierrées du côté de Belleville sont toutes établies en plateau à la partie supérieure du coteau, où elles se trouvent reliées par l'aqueduc qui reçoit leurs eaux et les conduit jusque dans le regard de prise d'eau placé au pied du coteau de Ménilmontant.

Les pierrées du côté de Ménilmontant sont, au contraire, pour la plupart établies sur le versant du coteau qu'elles traversent, jusqu'à la rencontre de l'aqueduc de Belleville où elles vont déverser leurs eaux. Or, à la partie supérieure des deux coteaux on sait qu'il existe une couche de terrain sablonneux d'où doivent provenir les sédiments ferrugineux qui accompagnent le dépôt calcaire dans l'aqueduc de Belleville. Au contraire, sur le versant de Ménilmontant comme sur les versants voisins, cette couche de terrain sablonneux perdant beaucoup de son épaisseur, et laissant même à nu les couches de marne dans une grande étendue du coteau, on doit par cela même obtenir des sédiments plus calcaires, puisque les couches de marne y sont exposées d'une manière plus directe à l'action dissolvante des eaux.

Les eaux de Belleville et de Ménilmontant sont des eaux crues et de mauvaise qualité. La quantité de sulfate de chaux qu'elles renferment les rend impropres au savonnage et à certains usages domestiques ; voici leur composition :

EAU : UN LITRE.		
SUBSTANCES VOLATILES.	Acide carbonique............... Air atmosphérique...............	Quantité indéterminée.
	Bi-carbonate de chaux et de magnésie.........	0,400
	Sulfate de chaux..........................	1,100
	Sulfates de soude et de magnésie.............	0,520
SUBSTANCES FIXES.	Sulfate de strontiane....................	Traces.
	Chlorure de calcium.................... — de sodium et de magnésium.......	0,400
	Nitrate de chaux et de magnésie..............	Traces.
	Silice, alumine, oxide de fer et matière organique.	0,100
	TOTAL.............	2,520

Les concrétions calcaires trouvées dans les conduites des eaux de Belleville et de Ménilmontant ont une teinte grisâtre et présentent des zones différentes indiquant une formation par dépôts successifs. Dans certains points, la masse offre des parties rouges ou brunes qui révèlent la présence de l'oxide de fer.

L'analyse de ces dépôts a donné les résultats suivants :

Carbonate de chaux..................	9,00
— de magnésie...............	0,31
Sulfate de chaux....................	0,40
Silice, oxide de fer..................	0,27
Matière organique...................	0,02
TOTAL.........	10,00

L'eau de Belleville contient en dissolution tant de sulfate de chaux, que l'on est étonné de ne pas rencontrer une plus grande quantité de ce sel dans le dépôt incrustant de l'aqueduc et des conduites. Cela tient à ce que les causes qui déterminent le dégagement d'acide carbonique, et, par suite, la séparation d'une partie du carbonate de chaux, n'exercent aucune influence sur le sulfate de chaux qui reste dissous tant que l'eau n'est pas soumise à des changements de température susceptibles de diminuer la masse du liquide dissolvant.

EAU DES PRÉS–SAINT–GERVAIS.

Suivant les historiens de Paris, l'aqueduc destiné à amener dans cette ville les eaux des Prés–Saint–Gervais a été construit par les moines de l'abbaye de Saint-Laurent. La fontaine de Saint-Lazare, qui dépendait de ce monastère, était alimentée par les eaux de cet aqueduc.

En 1181, Philippe–Auguste ayant acheté la foire Saint-Lazare des religieux hospitaliers de ce nom, la transporta aux halles de Paris. Ces halles, fondées par ce prince, furent pourvues d'une fontaine publique ainsi que le quartier qui se forma autour du cimetière des Innocents, dont l'établissement date du même règne. En 1265, Saint Louis permit aux religieuses du couvent des Filles-Dieu situé rue Saint–Denis, de prendre sur la conduite qui descendait de la fontaine Saint-Lazare la quantité d'eau dont elles auraient besoin. Les concessions qui furent faites bientôt après, soit à des grands seigneurs, soit à des personnages en crédit, appauvrirent tellement les fontaines publiques, qu'on fut forcé de révoquer toutes les concessions particulières, à l'exception de celles dont jouissaient le Louvre et les hôtels des princes du sang.

Les fontaines du Ponceau, de la Reine, de la Trinité et des Cinq-Diamants qui avaient été construites antérieurement au règne de Louis XII, recevaient les eaux des Prés-Saint-Gervais.

Les eaux des Prés-Saint-Gervais proviennent des pleurs des terres sablonneuses du plateau du bois de Romainville et des hauteurs de Belleville. Avant d'arriver à la fontaine des Prés-Saint-Gervais, ces eaux s'épurent dans des puisards ou regards placés de distance en distance. Les eaux qui proviennent du bois de Romainville se réunissent dans le regard dit le Trou-Morain. Celles produites par le plateau de Belleville se rendent dans les regards de la rue du Bois, du Bastion n° 20, des Olivettes et des Bernages.

Toutes ces eaux sont amenées à la cuvette de la fontaine du Pré-Saint-Gervais, par des pierrées, des conduites en plomb, en fonte, et en tôle bitumée (1), et de là elles arrivent dans Paris au moyen d'une conduite en plomb de 0^m, 162, 0^m, 135, et 0^m, 108 de diamètre.

Le volume moyen de ces eaux est en hiver de 75 pouces, et en été de 25 pouces. Elles sont composées de :

EAU : UN LITRE.

SUBSTANCES VOLATILES.	Acide carbonique. ..... } Air atmosphérique...... } .... Quantité indéterminée.	
		gr.
	Bi-carbonate de chaux........................	0,032
	— de magnésie..................	0,012
	Sulfate de chaux.............................	0,430
	— de soude......................... }	
	— de magnésie...................... }	0,100
	— de strontiane.....................	Traces.
SUBSTANCES FIXES.	Chlorure de sodium...................... }	
	— de calcium...................... }	0,600
	— de magnésium................... }	
	Nitrate alcalin.............................	Indices.
	Silice, alumine, oxide de fer............... }	
	Matière organique...................... }	0,020
	TOTAL........	gr. 1,194

(1) La conduite qui amenait à Paris les eaux des Prés-Saint-Gervais, était naguère dans un si mauvais état dans quelques parties de son parcours, qu'il en résultait parfois des infiltrations dans certaines maisons des quartiers nord-est de Paris. Les travaux que l'administration municipale a fait faire depuis quelques années ont complètement remédié à cet inconvénient.

EAU DU PUITS ARTÉSIEN DE GRENELLE.

L'eau du puits de Grenelle,. au moment même de la réussite de cette grande entreprise de sondage, devait naturellement être l'objet de l'attention des chimistes. **MM.** Pelouze et Payen, qui en firent l'analyse en **1841**, trouvèrent que cette eau ne renfermait pas de sulfate de chaux, et que le résidu qu'elle laissait après son évaporation était beaucoup moins considérable que celui abandonné par une égale quantité d'eau de la Seine.

Depuis cette époque et après les convulsions dont le puits de Grenelle a été l'objet à différentes reprises, il n'était pas sans intérêt de s'assurer si cette eau n'avait subi aucun changement dans sa composition. C'est ce motif qui nous a déterminés à en faire un nouvel examen. **M.** Pelouze n'ayant pas publié le résultat de ses recherches, nous rapportons ici les résultats de l'analyse de **M.** Payen et de la nôtre :

ANALYSE DE M. PAYEN.		ANALYSE DE MM. BOUTRON ET HENRY.	
EAU : UN LITRE.	gr.	**EAU : UN LITRE.**	gr.
Carbonate de chaux..........	0,0680	Bi-carbonate de chaux........	0,0292
— de magnésie.......	0,0142	— de magnésie.....	0,0092
Bi-carbonate de potasse.......	0,0296	— de potasse.......	0,0100
Sulfate de potasse..........	0,0120	Sulfate de potasse.......... — de soude..........	0,0320
Chlorure de potassium.......	0,0109	Chlorure de potassium...... — de sodium........	0,0570
Silice..............	0,0057	Silice..................	0,0100
Substance jaune particulière..	0,0002	Alumine et oxide de fer.......	0,0020
Matière organique azotée.....	0,0024	Matière organique..........	Traces.
TOTAL....	gr. 0,1430	TOTAL.....	gr. 0,1494

Si l'on compare ces deux examens chimiques, on voit que les

poids des deux résidus sont pour ainsi dire identiques, bien qu'il y ait quelques différences dans la nature des sels. De même que **M.** Payen, nous n'avons pas rencontré dans cette eau la moindre trace de sulfate de chaux. Si la quantité de carbonate de chaux est moins considérable dans notre analyse que dans la sienne, en revanche nous avons trouvé une proportion beaucoup plus forte de sulfate de potasse et de chlorure de potassium et des sels de soude en quantité notable.

Quelle que soit la cause de cette différence, qu'il faut peut-être attribuer aux perturbations et aux intermittences dont nous avons parlé plus haut, toujours est-il que l'eau n'a rien perdu de sa pureté et de ses bonnes qualités.

La présence des sels de potasse dans l'eau du puits de Grenelle a été regardée comme un fait chimique assez curieux. Ils n'ont en effet été signalés que dans l'eau de Bourbon-L'Archambault et dans quelques autres sources en France.

Nous serions assez portés à croire que les sels de potasse qui existent dans l'eau du puits de Grenelle sont dus à un silicate de cette base, décomposé par l'acide carbonique de l'air pendant l'évaporation et la concentration de l'eau. Ce qui viendrait à l'appui de cette opinion, c'est que si l'on prend de l'eau du puits de Grenelle, filtrée avec soin, et qu'on y ajoute une petite quantité d'acide sulfurique en excès, on aperçoit après un certain temps, à la flamme très vive d'une lampe, des flocons siliceux presque transparents, qui se précipitent par le repos.

EAU DE LA BIÈVRE.

La rivière de Bièvre qui, depuis son origine jusqu'à son embouchure dans la Seine, coule dans un vallon d'environ 32 kilomètres d'étendue, prend sa source entre les villages de Guyancourt
et de Bouvier, à une petite distance du grand parc de Versailles.
Formée à sa naissance des eaux de deux ou trois fontaines, elle
reçoit bientôt les affluents d'un grand nombre de sources qui
augmentent son volume, au point qu'après 900 à 1000 mètres
de parcours, elle a déjà une largeur d'au moins $0^m,75$. Après
avoir fait quelques détours, elle arrive presqu'en ligne droite à
la Meulière, de là elle s'enfonce dans les bois de Buc, qu'elle traverse jusqu'à l'aqueduc, dont elle suit la direction pour se rendre
à Jouy, et après avoir alimenté les fossés du château de M. Mallet, elle se divise en plusieurs canaux qui baignent les ateliers et
les prairies de l'ancienne manufacture de toiles peintes. En quittant Jouy, la rivière traverse la vallée de Bièvre, arrose Igny,
Amblainvilliers, passe sous la route royale n° 20 à Antony, et
se dirige vers l'Hay, dont elle fait tourner le moulin, et sert d'ornement à plusieurs maisons de campagne. A Arcueil, la Bièvre
se subdivise en plusieurs bras qui se réunissent assez promptement, passe sous l'aqueduc, traverse le village, et va gagner
Gentilly. Là, son lit se partage en deux : l'un, plus considérable,
qui est celui de la véritable rivière, suit le côté droit du vallon ;
l'autre, beaucoup plus petit, coule au bas du côté gauche et en
suit tous les contours : c'est ce petit bras qui, alimenté par les
infiltrations du lit supérieur et par la petite source à Mulard,
prend dans Paris le nom de *Rivière-Morte*. Mais bientôt, à peu

de distance des murs d'enceinte, les deux bras de la rivière se rapprochent, de sorte qu'en passant sous le boulevart, ils ne sont séparés l'un de l'autre que par un espace de quelques pieds. La Bièvre se jette dans la Seine à environ 30 mètres en amont du pont d'Austerlitz.

La Bièvre, dans plusieurs des localités qu'elle traverse, sert aux riverains pour leurs usages domestiques ; mais à partir d'Arcueil et de Gentilly elle reçoit les eaux d'un grand nombre de buanderies, et quand elle arrive à Paris elle a déjà perdu une partie de sa limpidité ; mais c'est particulièrement depuis son entrée dans cette ville jusqu'à son embouchure que l'altération de ses eaux devient encore plus sensible. Les tanneurs, les mégissiers, les hongroyeurs, les maroquiniers, les teinturiers, les amidonniers, les fabriques de bleu de Prusse et de carton, les blanchisseries de chiffons, etc., etc., qui sont établis sur ses bords, donnent souvent aux eaux de cette rivière une couleur noire, un aspect fangeux, et une odeur des plus fétides.

Naguère encore les eaux de la Bièvre répandaient, pendant les chaleurs de l'été, l'odeur la plus insupportable. Son lit, presque à sec, était recouvert d'un limon composé de détritus et de débris animaux que la chaleur faisait gonfler ; et qui, en donnant naissance aux gaz qui sont le produit de la décomposition putride, occasionnaient les exhalaisons les plus infectes et les plus dangereuses, d'où résultaient souvent, pour les riverains, des fièvres intermittentes d'un mauvais caractère, et des maux de gorge gangreneux (1).

---

(1) Mémoire sur la rivière de Bièvre, par M. le professeur Hallé. Paris 1790.

Pour remédier autant qu'il était en elle à cette cause d'insalubrité, l'Administration municipale a entrepris, depuis quelques années, de canaliser une partie de ce cours d'eau dans sa traversée de Paris, et elle a fait faire des écluses de chasse qui permettent de le débarrasser périodiquement de la vase que chaque jour y accumule. La sollicitude de l'Administration ne s'est pas bornée là, elle a, à plusieurs reprises, engagé le Conseil général de la Seine à voter des sommes assez importantes dans le but de faire étudier les moyens d'augmenter le volume de l'eau de cette rivière pendant les temps de sécheresse. Un syndicat composé des hommes les plus honorables des départements de la Seine et de Seine-et-Oise, s'est formé pour aviser au moyen de construire, entre la Minière et Buc, un grand étang où les eaux recueillies pendant une partie de l'année pourraient, suivant les besoins, être versées dans la rivière. Cette mesure, qui avait déjà été proposée antérieurement, et notamment il y a vingt-cinq ans (1), en augmentant le volume des eaux de cette rivière, rendrait un grand service aux usines qu'elle fait mouvoir, et contribuerait beaucoup à son assainissement.

Le rapport plein d'intérêt que **M. Lahure**, organe d'une commission, vient de faire au Conseil général de la Seine, dans sa session de **1847**, et qui a pour titre : *Amélioration du cours de la Bièvre*, avancera beaucoup, nous n'en doutons pas, la solution de cette importante question.

En attendant que ce projet, évalué à la somme de **800,000 fr.**, soit mis à exécution, les ingénieurs du département de la Seine

---

(1) Recherches et considérations sur la rivière de Bièvre ou des Gobelins, par MM. Parent-Duchâtelet et Payet de Courteille. Paris **1822**.

ont fait opérer sur les bords de la rivière, près du moulin de l'Hay, quinze sondages artésiens qui tous ont atteint la nappe aquifère à six ou sept mètres de profondeur. Ces forages font jaillir autant de sources qui versent dans la Bièvre 110 à 115 pouces de nouvelles eaux, c'est-à-dire un volume presque égal à celui de la rivière pendant la saison d'été. Malheureusement ces nouvelles eaux sont extrêmement calcaires ; elles ne cuisent pas les légumes, et sont impropres au savonnage ; mais quand elles ne seraient utiles qu'aux usines et aux moulins qui souvent sont forcés de chômer faute d'eau, cette augmentation de volume serait déjà un grand service rendu (1).

L'eau de la Bièvre, prise depuis sa source jusqu'à Arcueil, est limpide, et sa saveur n'a rien de désagréable ; elle cuit bien les légumes et dissout le savon. On a longtemps cru que les eaux de cette rivière étaient préférables à toutes les autres pour certains genres de teintures, et particulièrement pour la teinture des laines, mais cette tradition, qui s'était perpétuée depuis les frères Gobelins, teinturiers sous François Ier, est aujourd'hui regardée comme un véritable préjugé par les hommes de l'art et par les chimistes qui ont été successivement placés à la tête de la Manufacture royale des tapisseries.

---

(1) M. Robin, ingénieur en chef du département de la Seine, sous la direction duquel les sondages ont été opérés, a eu la bonté de nous faire remettre, en 1846, trois échantillons de ces eaux. La quantité que nous avions à notre disposition ne nous a pas permis d'en faire un examen détaillé, mais l'essai par les réactifs décélait une proportion de sels calcaires et notamment de sulfate de chaux quatre fois plus considérable que dans l'eau de la Bièvre.

L'eau de la Bièvre que nous avons analysée a été puisée à Amblainvilliers le **27** octobre **1845**. Voici le résultat de l'examen :

<table>
<tr><td></td><td colspan="2" style="text-align:center">EAU : UN LITRE.</td></tr>
<tr><td rowspan="2">SUBSTANCES VOLATILES.</td><td></td><td>lit.</td></tr>
<tr><td>Acide carbonique......................... </td><td>0,020</td></tr>
<tr><td></td><td>Air atmosphérique .... Quantité indéterminée.</td><td></td></tr>
<tr><td rowspan="8">SUBSTANCES FIXES.</td><td></td><td>gr.</td></tr>
<tr><td>Bi-carbonates de chaux et de magnésie........</td><td>0.303 (1)</td></tr>
<tr><td>Sulfate de chaux...........................</td><td>0,116</td></tr>
<tr><td>   —   de soude..........................
   —   de magnésie........................</td><td>0,170</td></tr>
<tr><td>Chlorure de magnésium...................
   —   de sodium.......................</td><td>0,181</td></tr>
<tr><td>Silice, alumine, oxide de fer...............</td><td>0,034</td></tr>
<tr><td>Matière organique ....</td><td>Traces.</td></tr>
<tr><td></td><td style="text-align:right">TOTAL........... gr.</td><td>0,804 (2)</td></tr>
</table>

(1) Si l'on considère les bi-carbonates contenus dans l'eau de la Bièvre comme y étant à l'état de carbonates neutres, le chiffre total des matières fixes de l'analyse qui est de 0^{gr},804, serait alors de 0^{gr},704.

(2) M. Colin, aujourd'hui professeur de physique et de chimie à Saint-Cyr, et alors préparateur du cours de chimie de **M.** Thénard, a fait en **1816** l'analyse de l'eau de la Bièvre ; voici les résultats qu'il a obtenus.

Eau : 1 litre.

	gr.
Sulfate de chaux....................	0,251
Carbonate de chaux.................	0,137
Sels déliquescens	0,109
Sel marin.........................	0,011
Eau	0,147
TOTAL...........	**0,655**

SÉRIE DES EAUX DU CANAL DE L'OURCQ.

EAU DE LA RIVIÈRE D'OURCQ.

Cette rivière prend sa source dans la forêt de Ris, département de l'Aisne, coule de l'est à l'ouest, passe à Fère en Tardenois, à Oulchy-le-Château, à Brény, à Vichel, se grossit du rû de Savière au-dessous du village de Trouesne, arrose la Ferté-Milon, Marolles, Fulaines et Mareuil, et vient se jeter dans la Marne un peu au-dessous de Lizy, après un parcours de 72,000^m.

A Mareuil, cette rivière se divise en deux parties, l'une sert à alimenter le canal de l'Ourcq, l'autre suit son cours et se rend dans la Marne, ainsi que nous venons de le dire.

L'eau de la rivière d'Ourcq qui a fait l'objet de notre examen, a été prise à son entrée dans la gare de Mareuil, le 25 août 1845, après huit jours de beau temps. L'analyse de cette eau nous a fourni les résultats suivants :

EAU : UN LITRE.

SUBSTANCES VOLATILES.	Acide carbonique libre.. Air atmosphérique......	.... Quantité indéterminée.
SUBSTANCES FIXES.	Bi-carbonate de chaux...................... — de magnésie...................	0,107$^{gr.}$
	Sulfate de chaux...........................	0,082
	— de soude...................... — de magnésie...................	0,051
	Chlorure de sodium...................... — de calcium...................... — de magnésium...................	0,014
	Nitrate alcalin...........................	Traces.
	Silice, alumine, oxide de fer.................	0,027
	Matière organique azotée....	Indices.
	TOTAL............	0,281$^{gr.}$

Le résidu d'évaporation de l'eau de la rivière d'Ourcq est beaucoup moins considérable que celui provenant des divers affluents du canal. Aussi doit-on regarder l'eau de cette rivière comme une très bonne eau potable et presque comparable à l'eau de la Seine. Déjà la commission de 1816 avait trouvé un résidu qui, pour un litre d'eau, pouvait être évalué à 0^{gr} 250, chiffre qui se rapporte singulièrement au précédent.

La petite quantité de matière organique que renferme cette eau nous a permis de la garder deux mois dans une bouteille bien bouchée, sans qu'elle ait subi d'altération. On peut donc, sans crainte d'être démenti, affirmer que cette eau est une des meilleures de celles qui arrosent le bassin de Paris.

EAU DE LA COLLINANCE OU GRINETTE.

Ce petit cours d'eau prend naissance aux étangs de Macquelines, département de l'Oise, coule de l'ouest au sud-est, passe à Betz, Anthilly, Collinance, et vient se jeter dans le canal de l'Ourcq, près du village de Neufchelles, après un parcours de 12,000 mètres.

L'eau sur laquelle nous avons fait nos expériences a été puisée le 25 août 1845, à 100 mètres environ du réversoir. Elle a donné pour résultat :

	EAU : UN LITRE.	
SUBSTANCES VOLATILES.	Acide carbonique libre........ Air atmosphérique	Quantité indéterminée.
SUBSTANCES FIXES.	Bi-carbonate de chaux.................... — de magnésie	0,193^{gr}
	Sulfate de chaux anhydre..................	0,060
	— de soude............. — de magnésie........... } anhydres ...	0,230
	Chlorure de sodium..................... — de calcium................. de magnésium.................	0,100
	Nitrate de chaux ou de magnésie............	Traces.
	Silice, alumine, oxide de fer................	0,050
	Matière organique.......................	Indices.
	TOTAL...........	0,633$^{gr.}$

Le résidu que nous avons obtenu dans l'analyse de cette eau est beaucoup plus considérable que celui de l'analyse faite en 1816. Cette différence nous a même donné la crainte que quelque erreur ne se soit glissée dans nos essais. Nous avons donc cru devoir faire évaporer séparément plusieurs litres d'eau, afin de voir s'il y aurait de l'analogie dans les poids des résidus, et nous avons vu qu'ils étaient pour ainsi dire identiques. Nous sommes donc portés à regarder nos résultats comme vrais. Cependant, si nous sommes bien informés, les habitants des communes que la Collinance traverse ou arrose, regardent son eau comme l'une des plus pures de celles qui se jettent dans le canal. Cette opinion tiendrait-elle à ce que cette eau est claire et transparente, et au pré—jugé trop répandu, que l'eau qui possède cette qualité physique est toujours la plus pure et la meilleure. Si, aux yeux du vulgaire et des gens du monde, comme l'a fort bien dit **M.** Dupasquier (1), la *pureté* en fait d'eau, c'est la limpidité parfaite, c'est-à-dire, l'absence de toute matière en suspension dans le liquide, ce mot n'a pas la même acception dans le langage scientifique. Pour le chimiste au contraire, la *pureté,* c'est l'absence de toute matière en dissolution, et à ses yeux l'eau la plus pure est celle qui laisse le moins de résidu par l'évaporation.

Il est certes beaucoup d'eaux de sources qui peuvent être réputées pour de bonnes eaux potables, mais il en est aussi qui sont fort mauvaises, très chargées de sels calcaires, et c'est le plus grand nombre qui est dans ce cas. Il est même à remarquer que souvent la transparence et la limpidité sont en raison directe de la quantité de sels calcaires que les eaux renferment, tandis qu'au contraire il est des eaux de fleuve et de rivière qui, souvent troubles et fangeuses dans certains temps de l'année, sont presque pures quand elles ont déposé leur limon ou qu'elles ont été filtrées.

Bien que l'eau de la Collinance nous ait laissé un résidu plus

---

(1) *Des Eaux de sources et de rivières,* **1 vol.** in-8°, 1840, p. 43.

considérable que celui obtenu par la commission de **1816**, l'analogie qu'elle offre avec celle de la Thérouenne, sous le rapport de la composition chimique et sous celui des terrains qu'elles traversent l'une et l'autre, et qui sont formés de calcaire grossier ou à cérites, nous portent à regarder ces deux petits cours d'eau comme identiques.

EAU DU CLIGNON.

Le Clignon est formé de plusieurs petits ruisseaux qui se réunissent aux environs de **Bézu-les-Fèves**, près **Château-Thierry**. Il coule de l'est à l'ouest, passe à **Épaux**, **Monthiers**, **Licy-les-Chanoines**, **Brumetz**, **Montigny**, et de là se rend dans la nouvelle rigole de dérivation, pour être introduit dans le canal après avoir traversé la rivière d'Ourcq sur un pont-aqueduc. Quand les eaux sont trop abondantes, ce petit affluent peut au besoin être rejeté dans son ancien lit qui aboutit à la rivière d'Ourcq ; le Clignon a un parcours de 30,000^m, tout entier dans le département de l'Aisne.

Le Clignon n'a été introduit dans le canal qu'en **1843**. Un an avant cette introduction, l'Administration municipale avait prié **M.** Thénard de vouloir bien faire l'examen de cette eau. Ce chimiste adressa à **M.** le Préfet de la Seine un rapport, duquel il résultait que trois litres de l'eau du Clignon qui lui avait été remise contenaient :

	gr.
Carbonate de chaux................	0,429
Sulfate de chaux..................	0,053
Sel marin........................	0,061
Matière organique (environ)........	0,100
Sels de magnésie et silice..........	Traces.
Total............ gr.	0,643

Ce qui donne pour un litre, 0$^{gr.}$214.

L'eau que l'Administration nous a fait remettre en août **1845**, nous ayant donné un résidu d'évaporation plus fort que celui obtenu par **M.** Thénard , nous avons voulu voir si l'eau puisée à une autre époque de l'année nous offrirait le même résultat. **Nous** avons donc fait une nouvelle analyse de l'eau du Clignon avec de l'eau puisée en plein lit de cet affluent le **13 janvier 1846**, et cette fois notre résidu s'est rapproché beaucoup de celui obtenu par le célèbre chimiste.

Voici ce que l'analyse nous a donné :

<table>
<tr><td colspan="3" align="center">EAU : UN LITRE.</td></tr>
<tr><td>SUBSTANCES VOLATILES.</td><td>Acide carbonique libre..........
Air atmosphérique.............</td><td>Quantité indéterminée.</td></tr>
<tr><td rowspan="9">SUBSTANCES FIXES.</td><td>Bi-carbonate de chaux.................·
—   de magnésie..................</td><td>^{gr.} 0,247</td></tr>
<tr><td>Sulfate de chaux anhydre....................</td><td>0,014</td></tr>
<tr><td>—   de soude.................
—   de magnésie.............. } anhydres.</td><td>0,060</td></tr>
<tr><td>Chlorure de sodium......................
—   de calcium ....
—   de magnésium...................</td><td>0,040</td></tr>
<tr><td>Silice, alumine, oxide de fer..................</td><td>0,009</td></tr>
<tr><td>Matière organique azotée...........</td><td>Indices très sensibles.</td></tr>
<tr><td align="right">TOTAL............</td><td>^{gr.} 0,370</td></tr>
</table>

On remarquera que dans l'analyse de **M.** Thénard le carbonate de chaux est dosé comme étant dans l'eau à l'état de carbonate simple, tandis que dans la nôtre les carbonates sont comptés comme bi-carbonates , ce qui élève le poids de ces sels d'une manière assez notable. Si donc de $0^{gr.}370$, total de notre analyse, on défalque le chiffre de $0^{gr.}082$ représentant le poids de l'acide carbonique indispensable pour faire passer les carbonates à l'état de bi-sels solubles, on aura pour total définitif $0^{gr.}288$, résultat qui diffère peu de celui obtenu par **M. Thénard** en **1842**.

Si l'eau du Clignon ne laisse pas après son évaporation un résidu salin très considérable, elle contient en revanche une assez forte proportion de matière organique. Néanmoins, nous sommes loin de l'évaluer au chiffre porté dans l'analyse de **M. Thénard**. Il y a, suivant toute probabilité, des causes qui ont, sous ce rapport, influé sur l'amélioration de ce petit cours d'eau. Quoi qu'il en soit, on peut regarder l'eau du Clignon comme une des meilleures de celles qui se jettent dans le canal.

EAU DE LA GERGOGNE.

La Gergogne prend sa source au hameau de Gueux, près du Plessis-Bouillancy, se dirige de l'ouest au sud-est, passe à Réez, Acy et Rosoy, et se jette dans le canal (rive droite) à la jonction des départements de l'Oise et de Seine-et-Marne, entre Vaurinsfroy et May-en-Multien, après un parcours d'environ 12,000 ^{m}.

Cette petite rivière fournit au canal pendant six semaines d'étiage, 838 pouces d'eau, et pendant le reste de l'année 1047.

L'eau que nous avons analysée a été puisée à 110 ^{m}. en amont du réversoir, le 26 août 1845, par un beau temps ; voici les résultats qu'elle a donnés :

EAU : UN LITRE.		
SUBSTANCES VOLATILES.	Acide carbonique libre..........	Quantité indéterminée.
	Air atmosphérique.............	
SUBSTANCES FIXES.	Bi-carbonate de chaux....................	0,221 $^{gr.}$
	— de magnésie.................	
	Sulfate de chaux anhydre....................	0,011
	— de soude............... anhydres.	0,060
	— de magnésie.............	
	Chlorure de sodium......................	0,020
	— de calcium....................	
	— de magnésium...	
	Nitrate de chaux ou de magnésie.............	Indices.
	Silice, alumine, oxide de fer.................	0,010
	Matière organique.................	Traces très marquées.
	TOTAL.............	0,322 $^{gr.}$

EAU DE LA THÉROUENNE.

La Thérouenne prend naissance au nord d'Oisery, coule de l'ouest au sud-est, passe près de Forfery, arrose Etrépilly, et vient se jeter dans le canal (rive droite) à la hauteur de Congis, après un parcours de 24,000^m. dans le département de Seine-et-Marne.

Ce petit cours d'eau fournit au canal 598 pouces d'eau pendant le temps de l'étiage, et 747 pouces pendant le reste de l'année.

L'eau soumise à notre examen a été puisée le 31 août 1845, après plusieurs jours de beau temps, dans la rigole de dérivation, à 100^m. en amont du réversoir. Les résultats de l'analyse sont les suivants :

	EAU : UN LITRE.	
SUBSTANCES VOLATILES.	Acide carbonique............... } Air atmosphérique.............. }	Quantité indéterminée.
SUBSTANCES FIXES.	Bi-carbonate de chaux................... } — de magnésie................... }	0,380 gr.
	Sulfate de chaux anhydre...................	0,061
	— de soude................ } — de magnésie .... } anhydres.	0,041
	Chlorure de sodium......................... } — de calcium..................... } — de magnésium................... }	0,059
	Silice, alumine, oxide de fer..................	0,031
	Matière organique.........................	Traces.
	TOTAL............	0,572 gr.

EAU DE LA ROCHE-DE-CRÉGY.

Les fontaines de Crégy sont formées de diverses sources qui prennent leur cours sur le versant du coteau gypseux de Crégy, près Meaux. Les eaux que ces sources fournissent au canal sont de si mauvaise nature sous le rapport des sels qu'elles renferment, et leur volume est d'ailleurs d'une si minime importance, puisqu'elles ne donnent que 15 pouces pendant l'étiage, et 19 pouces pendant le reste de l'année, que l'Administration ne doit pas hésiter à les détourner.

L'eau qui a servi à notre examen a été puisée le 24 juillet 1845 à la sortie de l'aqueduc, après plusieurs jours de beau temps.

Voici les résultats donnés par l'analyse :

EAU : UN LITRE.

SUBSTANCES VOLATILES.	Acide carbonique.............. ⎱ Air atmosphérique .... ⎰	Quantité indéterminée.
SUBSTANCES FIXES.	Bi-carbonate de chaux................... ⎱ — de magnésie................. ⎰	0,816 gr.
	Sulfate de chaux anhydre...................	1,470
	— de soude............... ⎱ — de magnésie .... ⎰ anhydres.	0,175
	— de strontiane.......................	Indices.
	Chlorure de sodium...................... ⎱ — de calcium...................... ⎰ — de magnésium..................	0,110
	Nitrate de chaux ou de magnésie...... Indices très marqués.	
	Silice, alumine, oxide de fer.................	0,024
	Matière organique................ Traces à peine sensibles.	
		2,595 gr.

Le sulfate de chaux, ainsi que l'indique l'analyse, est contenu dans l'eau de la Roche-de-Crégy en si grande proportion, que lorsqu'on en évapore un litre au dixième de son volume et qu'on abandonne ce résidu au repos pendant plusieurs jours, on trouve ce sel cristallisé en aiguilles soyeuses et brillantes au fond de la capsule.

Cette eau offre encore un exemple de ces eaux claires et limpides dont l'apparence pourrait faire supposer la pureté, mais dont la mauvaise qualité interdit l'emploi même dans les usages domestiques. Les habitants du pays qui s'en servent fortuitement, disent qu'elle est crue, lourde, indigeste, et qu'elle occasionne souvent de violentes tranchées. C'est certainement une des plus mauvaises eaux que l'on puisse rencontrer.

EAU DU RUTEL OU RU DE VILLENOY.

Le Rutel prend naissance entre le Plessis-l'Évêque et la Montagne de Monthion, passe à peu de distance d'Iverny, arrose Neufmontiers, Chauconin et Rutel. A ce dernier endroit il existe deux vannes qui permettent, à volonté, suivant les saisons, d'introduire ce petit cours d'eau dans le canal ou de le rejeter dans son ancien lit. Par cet ancien lit qui passe sous le canal, le Rutel se rend dans la Marne après avoir traversé le village de Villenoy.

Le Rutel, qui n'a qu'un parcours d'environ 8000^m. dans le département de Seine-et-Marne, ne fournit au canal que 10 pouces d'eau dans le temps de l'étiage, et **12** à **13** pouces pendant le reste de l'année.

L'eau qui a servi à nos essais a été puisée le **24** juillet **1845** à **100**^m en amont du réversoir, par un beau temps.

Les résultats de l'analyse sont les suivants :

<table>
<tr><td colspan="3" align="center">EAU : UN LITRE.</td></tr>
<tr><td>SUBSTANCES VOLATILES.</td><td>Acide carbonique libre............</td><td rowspan="2">Quantité indéterminée.</td></tr>
<tr><td></td><td>Air atmosphérique..............</td></tr>
<tr><td rowspan="11">SUBSTANCES FIXES.</td><td>Bi-carbonate de chaux.................</td><td rowspan="2">0,416 gr.</td></tr>
<tr><td>— de magnésie..................</td></tr>
<tr><td>Sulfate de chaux anhydre...................</td><td>0,050</td></tr>
<tr><td>— de soude ....</td><td rowspan="2">anhydres. 0,310</td></tr>
<tr><td>— de magnésie.............</td></tr>
<tr><td>Chlorures de sodium......................</td><td rowspan="3">0,120</td></tr>
<tr><td>— de calcium...................</td></tr>
<tr><td>— de magnésium................</td></tr>
<tr><td>Nitrate alcalin....................</td><td>Traces très sensibles.</td></tr>
<tr><td>Silice.........................</td><td>0,060</td></tr>
<tr><td>Alumine et oxide de fer...................</td><td>Traces.</td></tr>
<tr><td>Matière organique.......................</td><td>Indices.</td></tr>
<tr><td></td><td></td><td align="right">0,956 gr.</td></tr>
</table>

On voit par le résidu salin que l'évaporation abandonne, que de tous les petits cours d'eau qui affluent dans le canal de l'Ourcq, l'eau du Rutel est la plus impure après celle de la Roche-de-Crégy. La mauvaise qualité de l'eau, et de plus, le peu d'importance de son volume, doivent engager l'Administration à détourner ce ruisseau le plus promptement possible et à le rendre à son ancien lit.

EAU DE LA BEUVRONNE.

La Beuvronne prend naissance près de Vinantes, département de Seine-et-Marne, coule de l'est au sud-ouest, passe à Nantouillet et à Saint-Mesmes, reçoit sur la droite le ruisseau de la Biberonne, dont le cours est à peu près de 10 kilomètres, traverse Gressy et rejoint le canal de l'Ourcq à peu de distance de ce village. En deçà du canal, la Beuvronne reçoit encore sur la rive droite les eaux des petits affluents de l'Arneuse et du Mory, passe à Claye et à Fresnes, et se jette dans la Marne, après un parcours d'environ 16,000^m dans le département de Seine-et-Marne.

La Beuvronne donne dans le temps de l'étiage, 900 pouces d'eau, et 1100 pouces pendant le reste de l'année.

L'eau que nous avons analysée a été prise au droit du déversoir, en plein lit, le 17 juin 1845. Voici les résultats qu'elle a fournis :

EAU : UN LITRE.		
SUBSTANCES VOLATILES.	Acide carbonique libre............ } Air atmosphérique .... }	Quantité indéterminée.
	Bi-carbonate de chaux.....................	0,142 gr.
	— de magnésie...................	0,100
	Sulfate de chaux anhydre..................	0,071
	— de soude............... } — de magnésie .... } anhydres.	0,180
SUBSTANCES FIXES.	Chlorure de sodium..................... } — de calcium..................... } — de magnésium................... }	0,105
	Nitrate alcalin.....................	Traces.
	Silice, alumine, oxide de fer...............	0,063
	Matière organique azotée.................	Indices.
		0,661 gr.

EAU DU MORY.

Le Mory est un petit ruisseau qui prend sa source au village même de ce nom, situé sur la rive droite du canal, et qui fait partie de l'arrondissement de Meaux, département de Seine-et-Marne. La mauvaise qualité des eaux de ce petit affluent, et le peu d'importance de son volume, ont engagé l'administration à le détourner, ainsi que l'Arneuse, par un fossé de fuite qui va rejoindre l'ancien lit de la Beuvronne, lequel passe sous le canal et aboutit à la Marne, entre Anet et Fresnes.

L'eau qui a fait l'objet de notre analyse a été puisée en plein lit à 50 mètres au-delà de la nouvelle dérivation, le 17 juin 1845.

Elle a donné pour résultats :

EAU : UN LITRE.		
SUBSTANCES VOLATILES.	Acide carbonique libre...........	Quantité indéterminée.
	Air atmosphérique..............	
	Bi-carbonate de chaux.....................	0,210 $^{gr.}$
	— de magnésie...................	0,105
	Sulfate de chaux anhydre..................	0,055
	— de soude................ anhydres.	0,102
	— de magnésie.............	
SUBSTANCES FIXES.	Chlorure de sodium......................	
	— de calcium	0,135
	— de magnésium.................	
	Nitrate alcalin.......................	Traces.
	Silice, alumine, oxide de fer................	0,050
	Matière organique azotée..........	Quantité indéterminée mais très notable.
		0,657 $^{gr.}$

EAU DE L'ARNEUSE OU DE LA RENEUSE.

L'Arneuse prend naissance sur la lisière des bois de Saint-Denis, à une très petite distance de la rive droite du canal. Ce petit ruisseau traverse des terrains tourbeux et marécageux, qui rendent ses eaux de mauvaise qualité. L'Administration pour détourner les eaux de l'Arneuse, les verse, ainsi que celles du Mory, dans un fossé de décharge qui passe sous le canal et les conduit à la Marne.

L'eau analysée a été prise en amont du point de raccordement de la nouvelle dérivation, le **17** juin **1845**; elle a donné les résultats suivants :

<table>
<tr><td colspan="3" align="center">EAU : UN LITRE.</td></tr>
<tr><td rowspan="2">SUBSTANCES VOLATILES.</td><td>Acide carbonique libre............</td><td rowspan="2">Quantité indéterminée.</td></tr>
<tr><td>Air atmosphérique...............</td></tr>
<tr><td rowspan="13">SUBSTANCES FIXES.</td><td>Bi-carbonate de chaux................</td><td rowspan="2">0,258 gr.</td></tr>
<tr><td>—   de magnésie................</td></tr>
<tr><td>Sulfate de chaux anhydre...............</td><td>0,020</td></tr>
<tr><td>—   de soude............... anhydres.</td><td rowspan="2">0,036</td></tr>
<tr><td>—   de magnésie.............</td></tr>
<tr><td>Chlorure de sodium.....................</td><td rowspan="3">0,014</td></tr>
<tr><td>—   de calcium....................</td></tr>
<tr><td>—   de magnésium..................</td></tr>
<tr><td>Nitrate alcalin ....</td><td>Traces.</td></tr>
<tr><td>Silice, alumine, oxide de fer...............</td><td>0,044</td></tr>
<tr><td>Matière organique azotée d'une odeur fétide....</td><td>Quantité indéterminée.</td></tr>
<tr><td colspan="2" align="right">TOTAL............</td><td>0,372 gr.</td></tr>
</table>

Quoique le résidu salin abandonné par l'évaporation ne soit pas très considérable dans l'eau de l'Arneuse, néanmoins cette cau est une des plus impures que nous ayons examinées. La quantité de matière organique azotée qu'elle tient en dissolution et dont l'odeur est des plus fétides, lui donne dans certains temps de l'année une saveur repoussante.

Cela tient sans doute à ce que pendant les chaleurs de l'été ce ruisseau diminuant beaucoup de volume, l'eau qui coule alors avec lenteur reste en contact avec les corps organisés des terrains qu'elle traverse, et que ce contact occasionne la décomposition d'une partie des sulfates contenus dans l'eau, et leur conversion en sulfures.

Bien que la quantité de matière organique azotée dissoute dans cette eau soit peut-être moins considérable pendant les saisons d'automne et d'hiver, où les eaux sont plus abondantes et leur cours conséquemment plus rapide, elle suffit cependant pour motiver les mesures de précaution que l'Administration municipale a cru devoir prendre, pour pouvoir, suivant les besoins et à volonté, introduire ce petit ruisseau dans le canal ou le rejeter dans son ancien lit.

EAU DU CANAL DE L'OURCQ.

De toutes les eaux que nous devions examiner, l'eau prise à la gare circulaire de La Villette, était sans contredit une de celles dont l'Administration municipale avait le plus d'intérêt à connaître la valeur et le degré de pureté. L'eau, en cet endroit, est le produit définitif, en proportions diverses, de tous les affluents du canal de l'Ourcq, et c'est aussi de là que partent toutes les conduites qui sont destinées à alimenter un certain nombre de fontaines et les bornes-fontaines placées sur la voie publique. Naguère encore ces bornes-fontaines ne devaient servir qu'au lavage des rues, et il était défendu d'y puiser de l'eau pour les usages domestiques, mais depuis quelques années l'Administration a cru devoir se relâcher de cette prescription sévère, et aujourd'hui c'est à ces bornes-fontaines que la population pauvre de Paris vient prendre, quand elles sont ouvertes à certaines heures du jour, l'eau nécessaire à ses besoins et à son alimentation. Ce dernier motif nous faisait donc un devoir d'examiner cette eau avec le plus grand soin : aussi, dans le but d'arriver le plus près possible de la vérité, avons-nous recommencé cette analyse jusqu'à trois fois sur de l'eau prise à la gare circulaire et à des bornes-fontaines branchées sur la conduite St-Laurent. Le résultat que nous donnons ici est la moyenne de ces trois analyses, qui, du reste, ont présenté entre elles la plus grande analogie.

L'eau qui fait le sujet de cet article avait été examinée en 1816 par MM. Thénard, Hallé et Tarbé, et en 1829 par MM. Vauquelin et Bouchardat. En 1816, le résidu d'un litre de cette eau avait été fixé par les premiers de ces savants à $0^{gr}\cdot342$ et en 1820 à $0^{gr}\cdot479$ par MM. Vauquelin et Bouchardat. Le poids du résidu de notre examen est plus considérable que le résidu de 1816, mais il est presque semblable à celui de 1829. Si en effet pour le poids de $0^{gr}\cdot590$ accusé par nous, on fait la correction qui consiste à soustraire des bi-carbonates de chaux et de magnésie un tiers environ de leur poids représentant l'acide carbonique nécessaire pour faire passer les carbonates à l'état de bi-sels solubles, on trouve $0^{gr},513$, résultat qui ne diffère que d'environ $1/15^{me}$ de celui obtenu en 1829.

Cette minime différence, qui peut s'expliquer jusqu'à un certain point, soit par le mode d'examen employé, soit par les saisons dans lesquelles les analyses ont été faites, démontre d'une manière évidente que l'eau du canal de l'Ourcq n'a pour ainsi dire pas varié de composition pendant l'espace de quinze années.

Afin de voir si l'eau du canal de l'Ourcq était plus susceptible de s'altérer par le temps que les eaux de la Seine et d'Arcueil qui alimentent presque toutes les fontaines publiques de Paris, nous avons conservé pendant trois mois dans des flacons bouchés à l'émeri, à une température de 14 à 15° centigrades et dans un repos complet, deux litres de chacune des eaux suivantes :

Eau de la Seine prise au pont d'Ivry.

Eau de la Seine prise à la pompe à feu de Chaillot.

Eau d'Arcueil prise au Val-de-Grâce.

Eau du canal de l'Ourcq prise à la gare circulaire.

Ce temps écoulé, nous avons remarqué que le fond des flacons était tapissé d'une couche de matière organisée de couleur verte, ayant tous les caractères d'une conferve. Cette matière était beaucoup plus abondante dans l'eau puisée à Chaillot que dans les trois autres.

L'eau de la Seine prise en amont de Paris, celle d'Arcueil et l'eau du canal, n'avaient aucune odeur et aucune saveur, et elles étaient en tout semblables à des eaux qui auraient été puisées la veille. Il n'en était pas de même de l'eau prise à Chaillot, elle avait une légère odeur et une saveur de moisi très prononcée.

Cette expérience, de laquelle on ne peut certainement rien conclure d'une manière absolue, tend cependant à faire voir que la matière organique contenue dans l'eau du canal est susceptible de s'altérer moins promptement que celle que renferme l'eau de la Seine prise au-dessous de Paris.

L'eau qui a servi à notre examen avait été puisée à la gare circulaire de **La Villette**, au droit de la prise d'eau de l'aqueduc de ceinture, le **4 juin 1845** par un beau temps ; elle a donné les résultats suivants :

	EAU : UN LITRE.	
SUBSTANCES VOLATILES.	Acide carbonique libre	Quantité indéterminée.
	Air atmosphérique	
	Bi-carbonate de chaux......................	0,158 gr.
	— de magnésie....................	0,075
	Sulfate de chaux anhydre....................	0,080
	— de soude················	0,095 anhydres.
	— de magnésie..............	
SUBSTANCES FIXES.	Chlorure de sodium.......................	
	— de calcium.....................	0,113
	— de magnésium	
	Nitrate alcalin............................	Traces.
	Silice, alumine, oxide de fer.................	0,069
	Matière organique azotée..............	Indices sensibles.
		0,590 gr.

CONCLUSIONS.

Le travail qui précède n'atteindrait qu'imparfaitement le but que nous nous sommes proposé, si nous n'en tirions des conséquences capables de pouvoir éclairer l'Administration municipale sur les causes qui peuvent influer d'une manière plus ou moins désavantageuse sur la pureté des eaux qui servent à l'alimentation et aux besoins de la population de Paris, et sur les moyens d'y remédier.

Nous croyons donc pouvoir établir les propositions suivantes :

L'Eau de la Seine puisée en amont de Paris, avant le confluent de la Marne, est, après l'eau du puits artésien de Grenelle, dont l'emploi jusqu'ici est limité à un quartier, la plus pure de toutes celles que nous avons examinées et qui font l'objet de ce mémoire. Cette eau ne paraît pas avoir subi de changement notable dans sa composition depuis trente années.

Avant son entrée à Paris, l'eau de la Seine est déjà mélangée à celle de la Marne, et au fur et à mesure qu'elle traverse cette grande cité, elle reçoit l'eau fangeuse de la Bièvre, l'eau provenant des éclusées du canal Saint-Martin, les eaux des bornes-fontaines et les eaux ménagères versées par de nombreuses bouches d'égouts, enfin toutes celles qui sont le résultat d'une multitude d'industries.

L'eau de la Seine qui, au pont Notre-Dame, est déjà plus impure qu'en amont de **Paris**, l'est encore davantage aux pompes de Chaillot et du Gros-Caillou.

Si, comme tout porte à le croire, la population de **Paris** tend encore à s'accroître ; si la navigation du canal Saint-Martin devient de plus en plus active ; si l'**Administration** ne fait pas construire sur les berges des deux rives de la Seine les grands égouts latéraux dont nous avons parlé plus haut ; si, enfin, on augmente le volume des eaux de la Bièvre au moyen de sondages qui, comme ceux que l'on vient de pratiquer sur le territoire de l'**Hay**, ne donnent que des eaux très séléniteuses et de mauvaise qualité, il est à craindre que l'impureté de l'eau de la Seine n'aille toujours en augmentant. Toutefois, telle qu'elle parvient actuellement aux fontaines publiques, cette eau doit être regardée comme une des eaux les meilleures et les plus salubres que l'on connaisse.

Bien que l'*Eau d'Arcueil* contienne plus de sels calcaires et laisse un résidu plus considérable que l'eau de la Seine, sa saveur franche et agréable, sa limpidité parfaite, sa température constante, l'absence presque complète de matière organique, doivent la faire regarder comme une bonne eau potable. Prise aux sources de Rungis, cette eau renferme une quantité de substances fixes presque double de celle qu'elle contient à son arrivée à Paris. Les sels qui se déposent pendant le trajet de **16** kilomètres qu'elle parcourt, donnent lieu au dépôt incrustant qui obstrue à la longue les canaux et les conduites.

Depuis l'analyse de **M. Colin**, faite en **1816**, l'eau d'Arcueil ne paraît pas avoir varié dans sa composition.

Les Eaux de Belleville et des Prés Saint-Gervais sont des eaux chargées de sels calcaires qui les rendent impropres à la boisson et à certains usages domestiques ; elles constituent ce que l'on entend d'ordinaire par *eaux séléniteuses*, *eaux crues* ou *eaux dures*.

L'Eau de la Bièvre, dans la plus grande étendue de son parcours, c'est-à-dire depuis la Minière jusqu'à Gentilly, sans être une eau de bonne qualité, est cependant potable et propre à la plupart des usages de la vie, mais à mesure qu'elle avance vers Paris, beaucoup de causes tendent à altérer sa pureté. Depuis les forages qui ont été entrepris dans les environs de Berny et de l'Hay, l'eau de la Bièvre est devenue très séléniteuse, et la quantité de sels calcaires qu'elle renferme et notamment de sulfate de chaux, s'est accrue dans une proportion considérable.

Il serait donc bien préférable que l'on cherchât à augmenter le volume de ce petit cours d'eau, au moyen d'un étang ou réservoir qui serait placé dans la vallée supérieure de la Bièvre, entre la Minière et Buc, et dont les eaux emmagasinées pendant la saison des pluies, seraient successivement versées à la Bièvre pendant les temps de sécheresse. Ce qui nous fait exprimer des vœux pour la réussite de ce projet, c'est qu'en admettant que les sondages fournissent toujours une quantité d'eau égale à celle qu'ils donnent aujourd'hui, ce qui est fort douteux, il est à craindre que les sels calcaires que ces eaux contiennent ne soient nuisibles à certaines industries, et particulièrement aux buanderies qui existent en si grand nombre aux environs d'Arcueil et de Gentilly.

L'Eau de la rivière d'Ourcq, puisée à son entrée dans le canal, à Mareuil, peut être regardée comme une eau de très bonne qualité. Elle contient un résidu salin moins considérable que l'eau de la Seine prise *au pont Notre-Dame*, et peut certainement lui être comparée sans désavantage ; mais bientôt les affluents qui viennent successivement se joindre à cette rivière pour constituer le canal de l'Ourcq, altèrent sa pureté primitive.

L'Eau du canal de l'Ourcq, puisée à la gare circulaire de La Villette, point de départ de l'aqueduc de ceinture et des conduites de distribution, n'est pas à beaucoup près aussi pure que l'eau de la rivière d'Ourcq, mais elle possède cependant toutes les qualités qu'on attribue aux eaux potables.

Pour amener l'eau du canal à son *maximum* de pureté, il est indispensable que l'Administration municipale fasse exécuter à la Ferté-Milon des travaux qui auraient pour but de recueillir dans une rigole qui viendrait déboucher dans la rivière d'Ourcq, au-dessous de la prise d'eau du canal, toutes les eaux ménagères et celles provenant des égouts de cette ville. Il faudrait de plus qu'elle rejetât le Rutel dans son ancien lit, et qu'elle détournât les eaux des fontaines de Crégy, ainsi qu'elle a jugé à propos de le faire pour les eaux impures de l'Arneuse et du Mory.

Après avoir exécuté cette amélioration importante, et débarrassé le canal des affluents qui ne donnent que de mauvaises eaux, l'Administration devra veiller à ce que dans les communes traversées par des cours d'eau qui viennent s'y jeter, il ne s'établisse aucune usine susceptible de troubler ou d'altérer la pureté de leurs eaux, et surtout à ce qu'on interdise d'une manière formelle le rouissage du chanvre. On devra aussi prendre des mesures pour qu'une surveillance journalière soit exercée sur tout le parcours du canal de l'Ourcq par des agents préposés à la police de la navigation.

Avec ces précautions, celles déjà prises et celles que la pratique pourra encore suggérer, nous n'hésitons pas à affirmer que l'eau du canal de l'Ourcq pourrait être employée à alimenter les fontaines publiques, soit seule, soit concurremment avec l'eau de Seine.

Si l'eau du canal de l'Ourcq contient un peu plus de substances salines que l'eau de la Seine puisée aux pompes de Chaillot et du Gros-Caillou, elle a sur elle l'avantage de rester presque toujours claire. L'eau de la Seine est en effet trouble et limoneuse pendant plusieurs mois de l'année, et l'on est obligé, pour l'avoir limpide, de la soumettre alors à un filtrage qui ne laisse pas que d'être coûteux et embarrassant.

Paris. — Typ. VINCHON, rue J.-J. Rousseau, 8.

TABLEAU SYNOPTIQUE DES RÉSULTATS DE L'ANALYSE CHIMIQUE DES EAUX DE PARIS.

SUBSTANCES CONTENUES DANS LES EAUX.	EAU de la Seine au pont d'Ivry.	EAU de la Seine au pont Notre-Dame.	EAU de la Seine en Gros-Caillou.	EAU de la Seine à Chaillot.	EAU de la Marne au pont de Charenton.	EAU d'Arcueil.	EAU de Belleville.	EAU des Prés St-Gervais.	EAU du puits de Grenelle.	EAU de la Bièvre.	EAU de la rivière d'Ourcq.
Acide carbonique libre (lit.)	0,013	0,014	0,014	0,013	0,013	0,070	»	»	»	0,020	»
Air atmosphérique (lit.)	0,003	0,003	0,001	0,003	Quantité indéterminée.	0,004	Quantité indéterminée.	Quantité indéterminée.	Quantité indéterminée.	Quantité indéterminée.	Quantité indéterminée.
Carbonate de chaux (gr.)	0,132	0,174	0,229	0,230	0,301	0,158	0,400	0,032	0,0292	0,303	0,107
— de magnésie	0,060	0,068	0,075	0,076	0,120	0,600	»	0,012	0,0092	»	»
— de potasse	»	»	»	»	»	»	»	»	0,0100	»	»
Sulfate anhydre de chaux	0,020	0,030	0,040	0,040	0,022	0,138	1,100	0,430	»	0,116	0,082
— — de magnésie	»	»	»	»	»	»	»	»	»	»	»
— — de soude	0,010	0,017	0,027	0,030	0,018	0,072	0,520	0,100	0,0330	0,170	0,051
— — de potasse	»	»	»	»	»	»	»	»	»	»	»
— de strontiane	»	»	»	»	»	»	Traces.	Traces.	»	»	»
Chlorure de calcium	»	»	»	»	»	»	»	»	»	»	»
— de sodium	0,010	0,025	0,032	0,032	0,020	0,081	0,400	0,600	»	0,181	0,014
— de magnésium	»	»	»	»	»	»	»	»	0,0570	»	»
— de potassium	»	»	»	»	»	»	»	»	»	»	»
Iodure de potasse	Traces.	Traces.	Traces.	Traces.	»	Traces.	»	»	»	»	»
Carbonate alcalin	Indices.	Indices.	Indices très sensibles.	Indices très sensibles.	Traces.	Traces.	Traces.	Traces.	»	»	Traces.
Silice, alumine, oxide de fer	0,008	0,014	0,023	0,024	0,030	0,018	0,100	0,020	0,0120	0,034	0,027
Matière organique	Traces.	Traces.	Traces.	Traces.	Traces.	Traces.	»	»	Traces.	Traces.	Indices.
Totaux	0,340	0,331	0,426	0,432	0,511	0,527	2,320	1,194	0,1491	0,804	0,281

SUBSTANCES CONTENUES DANS LES EAUX.	EAU de la Collinance.	EAU du Clignon.	EAU de la Gergogne.	EAU de la Thérouanne.	EAU de la Roche de Crégy.	EAU du Rutel.	EAU de la Beuvronne.	EAU du Mory.	EAU de l'Arneuse.	EAU du canal de l'Ourcq.
Acide carbonique libre (lit.)	»	»	»	»	»	»	»	»	»	»
Air atmosphérique (lit.)	Quantité indéterminée.	Quantité indéterminée.	Quantité indéterminée.	Quantité indéterminée.	Quantité indéterminée.	Quantité indéterminée.	Quantité indéterminée.	Quantité indéterminée.	Quantité indéterminée.	Quantité indéterminée.
Carbonate de chaux (gr.)	0,193	0,247	0,221	0,380	0,816	0,416	0,142	0,210	0,258	0,158
— de magnésie	»	»	»	»	»	»	0,100	0,105	»	0,075
— de potasse	»	»	»	»	»	»	»	»	»	»
Sulfate anhydre de chaux	0,060	0,014	0,011	0,064	1,470	0,050	0,071	0,055	0,020	0,080
— — de magnésie	»	»	»	»	»	»	»	»	»	»
— — de soude	0,230	0,060	0,060	0,044	0,175	0,310	0,180	0,402	0,086	0,005
— — de potasse	»	»	»	»	»	»	»	»	»	»
— de strontiane	»	»	»	Traces.	»	»	»	»	»	»
Chlorure de calcium	»	»	»	»	»	»	»	»	»	»
— de sodium	0,100	0,010	0,020	0,050	0,110	0,120	0,105	0,135	0,014	0,113
— de magnésium	»	»	»	»	»	»	»	»	»	»
— de potassium	»	»	»	»	»	»	»	»	»	»
Iodure de potasse	»	»	»	»	»	»	»	»	»	»
Carbonate alcalin	Traces.	»	Indices.	»	Indices.	Traces très sensibles.	Traces.	Traces.	Traces.	Traces.
Silice, alumine, oxide de fer	0,050	0,009	0,010	0,031	0,021	0,060	0,063	0,050	0,044	0,060
Matière organique	Indices.	Indices très sensibles.	Indices très sensibles.	Traces.	Traces.	Traces.	Traces.	Quantité notable.	Quantité notable.	Quantité notable.
Totaux	0,633	0,376	0,322	0,572	2,585	0,956	0,684	0,657	0,379	0,368

(1) L'odeur de la matière organique azotée de l'eau de l'Arneuse était des plus fétides.